RÉPONSE

À LA

PREMIÈRE QUESTION DU PROGRAMME

PROPOSÉ PAR LA SECTION DE SYLVICULTURE

PAR M. BARBIÉ DU BOCAGE

VICE-PRÉSIDENT DE LA SECTION
MEMBRE DE LA COMMISSION CENTRALE DE LA SOCIÉTÉ DE GÉOGRAPHIE DE PARIS
MEMBRE CORRESPONDANT
DE LA SOCIÉTÉ NATIONALE D'AGRICULTURE DE FRANCE

NANCY

IMPRIMERIE BERGER-LEVRAULT & Cᵉ

11, RUE JEAN-LAMOUR, 11

1878

RÉPONSE

A LA

PREMIÈRE QUESTION DU PROGRAMME

PROPOSÉ PAR LA SECTION DE SYLVICULTURE.

SOCIÉTÉ DES AGRICULTEURS DE FRANCE

CONGRÈS INTERNATIONAL D'AGRICULTURE

DE 1878

RÉPONSE

A LA

PREMIÈRE QUESTION DU PROGRAMME

PROPOSÉ PAR LA SECTION DE SYLVICULTURE

PAR M. BARBIÉ DU BOCAGE

VICE-PRÉSIDENT DE LA SECTION
MEMBRE DE LA COMMISSION CENTRALE DE LA SOCIÉTÉ DE GÉOGRAPHIE DE PARIS
MEMBRE CORRESPONDANT
DE LA SOCIÉTÉ NATIONALE D'AGRICULTURE DE FRANCE

NANCY

IMPRIMERIE BERGER-LEVRAULT & Cie

11, RUE JEAN-LAMOUR, 11

1878

Le premier sujet proposé par la section de sylviculture de la
Société des agriculteurs de France, à l'étude de MM. les membres du Congrès international d'agriculture, était le suivant :

Traiter des influences météorologiques sur la végétation forestière ; de la distribution géographique des forêts et de la répartition des essences.

RÉPONSE

A LA

PREMIÈRE QUESTION DU PROGRAMME

PROPOSÉ PAR LA SECTION DE SYLVICULTURE.

Messieurs,

Le programme proposé à nos études pour servir de base aux travaux du Congrès dans la section de sylviculture, se compose de trois questions qui embrassent, on peut presque dire, l'art forestier tout entier, et dont chacune, pour être traitée avec tous les développements qu'elle comporte, demande pour le moins qu'on lui consacre une existence entière. Ce ne serait pas trop, en effet, que le labeur de toute une vie humaine pour traiter convenablement d'une géographie forestière, pour parler d'une manière compétente et universelle du reboisement et de son influence, et vous conviendrez avec moi que le repeuplement des vides dans les forêts est aussi une de ces questions qu'on ne peut résoudre qu'avec l'aide d'une expérience qui ne s'acquiert qu'au prix du temps. C'est pourquoi je vous supplie d'être assurés, messieurs, que les membres français de notre section ne se consolent de traiter succinctement ces importantes matières devant leurs collègues étrangers, que par la pensée que leurs travaux ne seront considérés par vous que comme une entrée en discussion, et que vos observations comme les études, fruits de votre expérience, viendront compléter les lacunes de leurs propres travaux. Ce n'est pas un enseignement que nous prétendons faire devant cette réunion, qui compte tant de forestiers éminents venant des différents points du monde, ce sont des renseignements que nous lui demandons sur les questions dont nos rapports n'ont d'autre prétention que d'indiquer le thème.

Ce que je viens de dire au nom de mes collègues et au mien, je vous demande la permission de le répéter pour ce qui me concerne personnellement, étant chargé de développer devant vous des bases pouvant servir à l'étude de notre première et peut-être de notre plus vaste question ; je ferai, en outre, ce que je n'ai pas fait en parlant de mes collègues, je réclamerai pour celui qui remplace ici un président illustre qu'éloignent des devoirs impérieux, toute votre indulgence.

La première question de notre programme est ainsi formulée : *Des influences météorologiques sur la végétation forestière ; de la distribution géographique des forêts et de la répartition des essences.* Vous le voyez, messieurs, ce n'est pas une question, c'est un monde en trois parties distinctes, bien qu'absolument connexes, et ce simple énoncé doit vous faire comprendre pourquoi je viens de réclamer toute votre bienveillance. Si vous le permettez, je suivrai dans ma réponse l'ordre introduit dans la question, et je commencerai par vous entretenir des influences météorologiques sur la végétation forestière. En outre, comme il faut éviter de s'égarer sur des routes qu'on connaît mal, dès qu'elles s'éloignent par trop, je vous demanderai de concentrer mes recherches sur la zone tempérée du Nord, c'est-à-dire sur la partie de notre hémisphère qui s'étend tout autour du globe, entre le tropique du Cancer et le cercle polaire. Ce champ, qui du reste est celui qui nous intéresse le plus, est assez vaste pour que j'aie maintes fois besoin que vous me tendiez vos mains amies.

L'influence des phénomènes météorologiques sur la végétation n'est pas de ces faits qu'on puisse nier, aussi est-elle l'objet des premières investigations de tout forestier, qu'il ait à charge la conservation d'un bois ou l'administration d'une zone forestière étendue ; mais ses effets s'imposent plus impérieusement encore au curieux qui veut connaître et distinguer, dans une certaine mesure, les détails de cette admirable parure de la terre, de ce domaine forestier qui jouit du rare privilége d'être d'autant plus aimé qu'il est plus connu.

Depuis le commencement de ce siècle, que d'efforts ont été faits, vous le savez de reste, messieurs, pour arriver à une connaissance approfondie du milieu physique où la végétation cherche ses aliments, soit qu'elle les aspire

dans l'atmosphère, soit qu'elle les pompe dans le sol; pour expliquer quelle
influence ont sur l'élaboration de la séve soit les phénomènes météorologiques, soit la composition chimique des terrains ; pour démontrer les effets
favorables ou nuisibles qu'ont sur les plantes la chaleur, le froid, l'humidité, la lumière, suivant leur intensité, leur durée ou leurs rapports réci-
proques! De grands noms qui vous sont familiers brillent à l'aurore de cette
science, ou mieux, de ce groupement de sciences, et suffisent, par cela même
qu'ils s'y rattachent, à démontrer l'importance d'une série d'études dont ils
ont été les promoteurs. Je parle des Humboldt, des Candolle, des Saussure,
des Jussieu, des Gasparin, des Boussingault, des Becquerel. Comme physi-
ciens, comme botanistes, comme historiens de la nature, comme tout cela
même à la fois, ils ont tout analysé puis tout groupé, et des connexités de
la physique céleste ou terrestre avec la végétation, ils ont dit tout et si bien
que leurs successeurs n'ont plus qu'à glaner en utilisant les découvertes de
tous genres que les temps présents mettent à leur disposition. Celui qui
semble occuper aujourd'hui le premier rang parmi les continuateurs de ces
illustres, est un savant allemand, M. Grisebach, dont le remarquable ouvrage sur la végétation du globe, plein de détails aussi curieux qu'ils sont
nouveaux, vient d'être traduit et publié en français par un autre savant, mais
russe celui-ci, M. de Tchihatchef. Ce grand ouvrage renferme, au sujet des
rapports entre les phénomènes météorologiques et la végétation, les données
les plus récentes et les mieux entendues; il est en outre établi d'après un
plan qu'on ne saurait trop lui emprunter si l'on veut rendre suffisamment
clair un travail abrégé du même genre, et que peut-être on nous saura gré
de dégager de la quantité des documents précieux qu'il a servi à grouper.
Nous vous demandons donc la permission de faire au beau livre de M. Grisebach de larges emprunts.

Pour le public, une forêt, quelque belle qu'elle soit, est parce qu'elle est;
c'est un don du Créateur dont on doit jouir, user et même, parfois, mésuser
sans remords. Les uns, amants sincères de la nature, artistes ou poëtes,
l'admirent au point de vue de l'art; d'autres, plus positifs, en supputent les
produits; d'autres enfin se contentent de jouir de ses ombrages; mais bien
peu cherchent à se rendre compte des coïncidences sans nombre nécessaires
à sa production. Je ne sais, messieurs, si vous éprouvez au même degré que
moi l'effet de ces harmonies qui saisissent à l'entrée d'une forêt. Il me semble au matin d'un beau jour, quand le soleil dore la forêt de ses rayons,

assister au plus merveilleux des concerts; tout y est en mouvement, tout bruit, et j'y cherche les parties harmoniques, aussi bien celle des mouches diaprées qui bourdonnent ou d'un hanneton qui tombe, que celle de la gousse de genêt qui éclate au soleil; j'oserai même dire que celle de la séve que j'écoute monter toute frileuse vers les cimes, à la recherche de cette pleine lumière de cette chaleur, de cet air qui la vivifie, puis redescendre lentement, laissant aux tissus de l'arbre un peu de ce quelque chose qu'elle a été chercher là-haut.

Oui, messieurs, j'aime et je suis convaincu que vous aimez ce bourdonnement général de la forêt. On s'y surprend heureux de participer à ce grand mouvement de la vie qui crépite partout autour de soi. Dans une grande ville, quelque animée que soit la rue, les murs n'en sont pas moins là qui représentent une nature morte et vous écrasent; en forêt au contraire, s'il y a des murs aussi, ce sont des murs de verdure; des murs qui vivent, à travers lesquels l'air circule et qui exhalent mille parfums qui nous pénètrent et nous charment.

Mais ce délicieux ensemble ne vient pas seul : il faut que l'air, le sol, l'eau, la chaleur, la lumière, l'électricité lui apportent leur contingent. Or, parmi ces éléments, celui de tous dont l'action et, par suite, dont les apports à la végétation paraissent les plus constants, est l'air. Sa composition varie bien peu en effet, dit le savant Becquerel dans son livre sur les climats ; la proportion d'oxygène qu'il contient est à peu près la même sur tous les points du globe, aussi bien en plaine qu'en montagne. Elle ne paraît baisser quelque peu que dans les pays brûlants voisins de l'équateur, où, par suite d'une action thermique plus grande et de précipitations aqueuses plus puissantes, le développement d'acide carbonique est plus caractérisé, mais aussi la végétation, plus luxuriante. Pour bien des personnes, l'air n'est dans son calme, que le doux berceur des bois, ou, dans ses fureurs, leur terrible ennemi; pour nous, messieurs, il est le bois lui-même ou, du moins, c'est une partie de lui qui, sous l'action de la chaleur et de la lumière, devient le bois. Vous savez en effet que chaque année l'air cède à chaque hectare de forêt de 1,800 à 2,000 kilogrammes de carbone, et cependant l'acide carbonique ne représente qu'une millième partie du poids de l'air. Mais, dit M. Adrien de Jussieu, l'atmosphère terrestre a un tel volume et, par suite, un tel poids que sa millième partie pèse bien des fois plus que tous les végétaux de la terre réunis; on trouve en effet dans l'atmosphère 1,500 billions de kilogrammes de carbone.

Le carbone n'est pas l'élément unique que l'air apporte, soit directement, soit indirectement, à la végétation ; une partie de l'azote qu'il contient est absorbée par les parties vertes des plantes, ou au moyen des racines, est puisée dans le sol où elle a été entraînée par les pluies. M. Barral a démontré que les eaux pluviales enlèvent annuellement à l'air, dans l'atmosphère de Paris pour la surface d'un hectare de terrain, 34 kilogrammes d'azote, dont 9 kilogrammes provenant de l'ammoniaque et 22 de l'acide azotique.

Si des nourriciers de la végétation l'air est le plus ordonné, celui qui lui donne ses repas les plus réglés, il n'est pas le seul qui s'intéresse à elle et contribue à lui fournir les éléments qui la constituent. Le sol, produit de la désagrégation de toutes les roches ignées ou sédimentaires, réceptacle de toutes les décompositions antérieures, n'est pas sans avoir une large part dans la composition des végétaux ; seulement cette part est variée à l'infini, c'est-à-dire autant que peuvent être nombreuses les combinaisons de ses éléments multiples. A notre sens, il a, dans le milieu où végètent les plantes, une action prépondérante. L'air donne la plus grande part des constituants de toute plante, il est dans la végétation l'élément constant ; mais sous l'action de l'eau, de la chaleur ou d'autres causes, qu'est-ce qui détermine que tel genre, telle essence, telle espèce, viendra ici et ne viendrait pas là, si ce ne sont les éléments chimiques qui entrent dans la composition du sol et la proportion réciproque dans laquelle ils y entrent. Telle plante prospère dans la silice, qui meurt dans le calcaire. Le sol n'est pas seulement le soutien de la plante, et ce qui le prouve, c'est qu'on ne peut faire pousser une plante dans du sable calciné, qu'à la condition d'ajouter artificiellement à ce sable les éléments dont la plante a besoin et qu'elle trouve dans les terrains où elle prospère.

Mais le sol lui-même, fût-il le mieux approprié aux besoins de certaines plantes, ne suffirait pas pour assurer, dans l'époque géologique actuelle, une grande vigueur aux végétaux qui lui seraient confiés, si sa couche supérieure n'était déjà en partie composée de résidus organiques, c'est-à-dire d'éléments puisés antérieurement dans l'air par d'autres plantes qui, décomposées de nouveau par la chaleur et l'humidité, donnent à la végétation une vigueur particulière. C'est dans cette alliance des éléments organiques et inorganiques que l'air et la terre se réunissent, et de cette réunion naît la fécondité. Il y a cela cependant de remarquable à cette alliance, que l'organique procède ici de deux inorganiques : les gaz qui composent l'air n'étant pas plus organiques que les roches ignées.

Comment expliquer ce phénomène, qui serait un miracle s'il n'était le fruit de la volonté raisonnée du Créateur, si ce n'est par l'action de l'eau qui délite, mélange et, par l'endosmose, conduit, à travers les racines, jusqu'au centre des plantes, les éléments puisés dans le sol ou enlevés à l'atmosphère ; si ce n'est par la chaleur qui, mettant en mouvement les molécules les plus impalpables, les livre à l'humidité ; et si ce n'est enfin par l'électricité, qui, ajoutant encore son action à celles de l'eau et de la chaleur, injecte pour ainsi dire dans le sol les gaz fertilisants pris à l'atmosphère.

Chacune de ces causes a sur la végétation, et particulièrement sur la végétation forestière, qui est celle qui demande le plus, car aussi elle rend plus que les autres, une action d'une telle importance, qu'à défaut de l'une ou de l'autre, la végétation cesserait d'être ; mais, comme on vient de le remarquer pour le sol, dont la composition varie à chaque place, l'eau, la chaleur et l'électricité ne sont pas partout dans les mêmes conditions, et c'est de la manière dont elles sont réparties, surtout pour l'eau et la chaleur, que procède, le plus ou le moins, la stérilité ou la fécondité. C'est en passant à l'étude de la seconde partie de la question proposée par le programme du congrès qu'on verra combien en effet l'action de l'eau et de la chaleur est prépondérante, et ce court exposé de la distribution géographique des forêts prouvera mieux que toute autre démonstration que la végétation forestière n'existe que là où les influences météorologiques favorables sont constatées, et dans la proportion qu'elles le sont.

A propos de l'influence de la chaleur sur la végétation, il existe un fait bien remarquable, une preuve indéniable : c'est qu'en thèse générale, cette végétation change d'aspect, de nature, non dans le sens de la longitude, mais dans celui de la latitude ; autrement dit : si l'on fait le tour du globe entre les tropiques, on trouve certaines familles qu'on ne rencontre plus que dans des conditions anormales, au nord et au sud de ces deux lignes fictives ; et de même celui qui pourrait faire le tour du globe au delà des deux cercles polaires, n'y trouverait presque aucune trace des végétaux qu'il aurait rencontrés dans la zone tempérée : ses yeux n'y contempleraient qu'une flore rabougrie et rampante.

L'air, la composition du sol, l'eau, la chaleur, l'électricité sont bien ou les producteurs ou les instruments de la végétation ; mais lorsqu'il s'agit de déterminer un climat, plusieurs autres conditions doivent être prises en considération, parce qu'elles ont une grande influence sur l'activité ou la lenteur avec laquelle la séve fait ses évolutions, sur la santé des plantes, sur les phases de leur vie, sur leur existence même ; il s'agit : de la pression atmosphérique, de la direction et de la force des vents dominants, de la forme, pluie, neige ou grêle, sous laquelle se produisent les précipitations aqueuses, de l'époque de l'année où les différents changements atmosphériques ont lieu. Toutes ces conditions présentent un intérêt tel qu'on serait heureux, les prenant tour à tour, d'en étudier les effets multiples et de déterminer la théorie de leurs actions, mais un pareil travail entraînerait dans des développements dans lesquels la brièveté forcée de ce mémoire ne permet pas de s'étendre ; aussi serons-nous fondé à ne les considérer que dans leurs conséquences, au fur et à mesure que nous passerons en revue les différentes régions forestières de la zone tempérée nord.

Nul n'ignore que le globe terrestre a été divisé théoriquement en cinq zones délimitées par des considérations astronomiques et géographiques qui sont : la zone tropicale, dont l'équateur occupe le centre ; les zones tempérées, qui s'étendent au nord et au sud des tropiques, et enfin les zones glaciales, qui se développent entre les cercles polaires arctique et antarctique et les pôles de même nom ; mais ce qui a pu échapper à bien des personnes, c'est que les zones de végétation ne coïncident pas absolument avec ces délimitations. Ainsi, pour ne parler que de la zone tempérée, nous remarquerons que sa flore septentrionale empiète en certains points sur le domaine de la flore arctique, tandis que sur d'autres c'est cette dernière qui vient, au contraire, l'échancrer. Par suite des émanations chaudes des grands courants traversiers des océans Atlantique et Pacifique, le Gulf-Stream et le courant de Tessan, la flore de la zone tempérée pénètre dans la zone glaciale en Laponie et dans le sud de l'Amérique russe, tandis que, là ou l'influence thermique de ces courants n'existe pas, la flore arctique descend au sud du cercle polaire nord, par exemple dans le Labrador et la pointe méridionale du Groënland, c'est-à-dire sous une latitude égale à celle de Stockholm. Sur la limite méridionale de la zone tempérée nord, les mêmes effets se produisent, bien que dus à des causes différentes. Ainsi protégée des vents froids du nord par les hautes chaines de montagnes de l'Himalaya, de l'Indou-Kousch, du Caucase, de l'Ararat, des massifs du sud de l'Europe et de l'Atlas, la flore tropicale pénètre au nord du tropique du Cancer, notamment dans le bassin du Gange, la partie méridionale du bassin de l'Indus, l'Arabie, l'Égypte et les oasis sahariennes.

On voit, par ce court exposé que l'influence thermique est la cause déterminante de l'existence des zones de végétation ; or, ses effets se font sentir dans deux sens différents : soit en allant de l'équateur à chacun des pôles, soit en s'élevant au-dessus de la mer. C'est même dans ce dernier ordre d'idées que ses effets sont les plus sensibles, puisque souvent, comme dans certaines vallées des Pyrénées, on peut embrasser, d'un coup d'œil, dans la plaine, de gras pâturages entourés de champs couverts de céréales et de vignobles, puis au-dessus des bois feuillus, plus haut encore des forêts de conifères, puis des rochers dénudés entremêlés de pâturages alpestres et, enfin, des neiges perpétuelles. Ce qui démontre encore la valeur de l'influence thermique sur la végétation, c'est que les mêmes familles, bien que représentées quelquefois par des variétés, occupent sur toutes les longitudes, surtout dans la zone tempérée où les essences sont moins nombreuses que dans la zone tropicale, l'espace compris entre deux ou plusieurs grands cercles de latitude. Ainsi la région des conifères, la première en venant du nord, s'étend depuis la côte de la Norvége jusqu'au Kamtschatka, et depuis la côte américaine du détroit de Behring jusqu'à l'embouchure du Saint-Laurent, et partout on y retrouve des variétés d'essences telles que le pin sylvestre, le sapin et le mélèze. De même, sur une longueur égale, immédiatement au sud de cette zone de conifères, commence la région des bois feuillus, dont le plus rustique, qui en certains points se mêle aux conifères dans leur propre domaine, le bouleau, fait le tour du monde.

L'influence thermique est donc la grande base de la détermination de l'habitat des essences, et partout où se rencontre une moyenne de température sensiblement égale, les essences sont les mêmes, leurs variétés étant dues à des causes locales. Ce n'est pas à dire que toutes les espèces végétales nées sous un certain climat devront s'étendre sur toute la zone d'égale température moyenne annuelle ; les moyennes thermiques estivales ou hivernales prises séparément, la plus ou moins grande durée de la période active de la végétation, les variations brusques de la température, la quantité plus ou moins grande de lumière reçue pendant cette même période, la plus ou moins grande humidité, ainsi que bien d'autres causes, comme on l'a déjà remarqué, influent sur l'étendue que peut occuper telle ou telle espèce et font qu'il est à peu près impossible de fixer aux zones géographiques peuplées par les différentes flores, des limites absolument exactes.

Comme exemple de l'influence des causes atmosphériques sur la végétation nous pouvons citer, avec M. Grisebach, le *hêtre,* dont la limite septentrionale occupe, dans l'ancien continent, une ligne inclinée dans la direction nord-ouest sud-est. Elle commence dans la partie méridionale de la Norvége, par 59° latitude nord, passe sur la côte ouest suédoise, à Gothembourg, s'étend sur la côte est, seulement jusqu'à Kalmar, puis, au delà de la mer Baltique, se montre de nouveau vers Königsberg, puis se continue jusqu'en Podolie, en passant par la Pologne. Au delà, elle ne reparaît plus que de l'autre côté des steppes, soit en Crimée, soit au Caucase. En Russie, les forêts de hêtres ne se trouvent donc que dans quelques provinces occidentales frontières. Mais ce qu'il y a de remarquable, et c'est là l'observation réellement curieuse de M. Grisebach, c'est que cette limite de la végétation du hêtre est la preuve d'un changement dans les conditions atmosphériques, et qu'elle établit la véritable délimitation entre le climat européen proprement dit et le climat russo-asiatique, c'est-à-dire entre la zone jouissant d'une période de végétation de cinq à huit mois et celle qui ne permet le mouvement de la séve que pendant trois mois au moins et cinq mois au plus. Le hêtre, en effet, ne supporte pas que la période de végétation soit inférieure à cinq mois ; or, ce minimum n'existe à l'occident de la ligne géographique qui vient d'être tracée, que grâce à l'humidité due aux émanations aqueuses et chaudes de l'Atlantique. C'est là, on en conviendra, une façon intéressante de tracer la frontière entre les pays soumis aux climats océaniques et ceux dans lesquels les sécheresses continentales se font sentir.

———

La zone tempérée nord, du tropique au cercle polaire, la seule partie du monde dont nous puissions nous occuper dans ce rapport, ou mieux, ce sommaire de géographie forestière a été divisé par le savant naturaliste allemand, pour ce qui regarde l'ancien continent, en cinq régions principales dont chacune se subdivise en zones secondaires. Ces cinq grandes régions sont : le domaine forestier proprement dit de l'ancien continent, qui comprend l'Europe septentrionale jusqu'à la limite des arbres ; l'Europe moyenne et le nord de l'Asie jusqu'au 50ᵉ degré latitude nord ; le domaine méditerranéen qui s'étend, jusqu'à certaine distance des côtes, sur la plus grande partie des pays riverains de Méditerranée ou des mers qui en dérivent ; le domaine des steppes, comprenant le sud de la Russie, les plateaux de l'Asie occidentale et le centre de cette partie du monde jusqu'à la Chine proprement dite et à la Mandchourie ; et enfin le domaine chino-japonais. Pour le nouveau continent, la même zone est ainsi divisée par M. Grisebach : un domaine forestier analogue à celui du vieux monde, qui s'étend de la longitude de l'île Terre-Neuve jusqu'à celle du détroit de Behring, en une direction nord-ouest sud-est qui le conduit de la pointe de l'Amérique russe à celle de la Floride ; un domaine des prairies qui comprend presque tout le Far-West du Mississipi à la Sierra-Nevada de Californie, du 50ᵉ degré latitude nord au tropique même, à son passage à travers le Mexique ; et enfin, un domaine californien, bande de terrain relativement peu étendue qui représente l'espace compris entre l'océan Pacifique et les Sierras des Cascades et Nevada.

Avant d'entrer dans le détail des subdivisions de ces grandes régions, nous devons rappeler quelques considérations générales préliminaires émises en ce lieu par M. Grisebach lui-même. Parmi toutes les valeurs thermiques observées, c'est la température moyenne de dix degrés au-dessus de zéro, au mois de juillet, qui correspond le mieux à la limite septentrionale des forêts, c'est le peu de durée de la période de végétation ou l'accroissement du froid hivernal qui sont les grandes causes des limites ou s'arrêtent les espèces. On a cherché à démontrer que les dimensions des végétaux allaient constamment en décroissant depuis l'équateur jusqu'au pôle ; mais, ainsi formulée d'une manière générale, cette assertion n'est guère fondée et ne s'applique, à la rigueur, qu'au domaine qui sert de transition entre les forêts et les régions arctiques. Ce n'est pas la taille des arbres mais la variété des végétaux ligneux qui grandit avec la chaleur du climat. D'autres causes, parmi lesquelles la raison géologique, s'ajoutent aux précédentes pour imposer une limite à l'extension des espèces végétales. Ainsi, en Sibérie le bouleau paraît s'étendre peu à peu, gagnant sur les conifères, tandis que dans le nord de l'Allemagne les conifères, ou arbres à feuilles aciculaires, gagnent sur les arbres feuillus proprement dits. Dans le Hartz occidental et au Danemark, la pesse, l'épicéa commun, a généralement succédé aux hêtres et même anx chênes. Cela peut tenir à des modifications séculaires et particulières du climat, mais plus probablement à la nature des éléments nutritifs minéraux du sol, dont telles substances sont absorbées par une essence, telles autres par une autre essence ; en sorte que lorsque les premières de ces substances se trouvent épuisées, celles qui restent permettent à la nouvelle végétation de repousser complétement la végétation en voie d'extinction. En thèse générale, le parallélisme existe entre la disposition de la végétation prise dans les deux sens vertical et horizontal sur toute la surface du globe ; mais dans les détails, cette règle n'a rien d'absolu, parce que là où l'intensité thermique moyenne est la même, qu'on parle d'une certaine altitude ou des régions qui se rapprochent des pôles, mille autres établissent des différences notables. Aussi ne peut-on affirmer qu'à dix degrés moyens au-dessus de zéro, sur la montagne, on trouvera toujours les mêmes plantes qu'à dix degrés moyens au-dessus de zéro en allant vers le pôle. Néanmoins certains auteurs admettent qu'une élévation de 180 mètres équivaut à peu près à un rapprochement du pôle de 150 kilomètres pour la coïncidence des conditions générales de végétation.

Pour décrire plus facilement le domaine forestier proprement dit de l'ancien continent, M. Grisebach le subdivise en sept zones dont l'étendue est déterminée par les diverses valeurs climatériques capables de donner lieu à une longueur particulière de la période de végétation ; longueur dont s'accommodera telle ou telle espèce, mais qui ne pourra favoriser suffisamment la croissance de telle ou telle autre. Ces zones, que les influences locales empêchent d'être absolument rigoureuses, ont cependant un caractère général bien marqué qui, le plus souvent, est en rapport avec la configuration des côtes et par conséquent avec les climats maritimes continentaux ou mixtes alternant les uns avec les autres. Les trois premières de ces zones sont celles que comprend la désignation plus générale de région du hêtre. Elles sont placées sous l'action des émanations de l'océan Atlantique et partagent leurs végétaux ligneux caractéristiques avec les montagnes du midi de l'Europe. La première est la zone littorale, dite française, dite aussi du châtaignier, bien que cet arbre ne s'y rencontre pas sur tous les points ; elle comprend, en partant du golfe de Biscaye, la majeure partie de la France, de la Grande-Bretagne avec l'Irlande, le littoral de l'Europe jusqu'au Rhin et à l'Ems, de l'Allemagne jusqu'à l'Oder, le Danemark, et enfin la partie méridionale de la Scandinavie. La seconde est la zone centrale ou allemande, dont l'espèce caractéristique est le sapin argenté ; elle s'étend sur le Dauphiné, la Suisse, la majeure partie de l'Allemagne avec la Pologne et la

Gallicie, et descend jusqu'au Marchfeld et aux monts Carpathes. La troisième, dite zone sud-est, ou hongroise, comprend la Hongrie et les principautés danubiennes jusqu'aux monts Balkans, aux steppes de la mer Noire et de la Podolie.

Les trois zones suivantes, qui sont celle des forêts d'arbres à feuillage caduc de la Russie centrale, de ce côté des monts Ourals ; celle des forêts d'arbres à feuilles aciculaires, qui recouvrent le nord de la Russie, au-dessous du climat polaire, et une grande partie de la Sibérie, et enfin celle où les essences feuillues se trouvent plus particulièrement mélangées aux essences à feuilles aciculaires du bassin du fleuve Amour. La dernière des sept zones du climat forestier nord de l'ancien continent est celle du Kamtschatka, dont le caractère se ressent du climat, moitié continental, moitié maritime, du littoral de la Sibérie orientale, c'est-à-dire où l'on rencontre aussi le mélange des arbres feuillus aux arbres à feuilles aciculaires.

La région dont la description, au point de vue sylvicole, intéresse le plus les Européens après celle du domaine forestier nord, est la région méditerranéenne, dont le phénomène caractéristique est l'existence d'arbres feuillus à feuilles persistantes, tels que les oliviers, les lauriers, les citronniers. Elle comprend l'Espagne, moins la zone pyrénéenne, la Provence, toute l'Italie, moins le nord de la Lombardie, la côte illyrienne, la Grèce, la Turquie d'Europe jusqu'au pied des Balkans, le sud de la Crimée, presque toute la côte de l'Asie mineure, depuis la Géorgie jusqu'à la Silicie, la côte syrienne, le Delta égyptien, l'Algérie ou mieux la Mauritanie, du golfe de Gadès à l'Atlantique, et toutes les îles de la Méditerranée, c'est-à-dire tous les pays où la civilisation a le plus longtemps régné dans les temps franchement historiques. La flore dite méditerranéenne n'existe cependant pas sur la surface entière de ces contrées ; elle ne s'y rencontre que sur les points où toutes les conditions d'humidité, de lumière, de chaleur lui sont favorables et se font sentir dans le moment de l'année où elles lui sont particulièrement nécessaires.

Ces contrées sont loin de présenter, au point de vue forestier, l'aspect des pays du nord et du centre de l'Europe : les grandes forêts n'y sont plus pour ainsi dire, qu'à l'état exceptionnel. « Les forêts, dit M. Griesbach, y ont diminué sur une grande échelle ; mais de vastes cultures d'arbres, des plantations d'oliviers, de mûriers, offrent une compensation. » Suivant cet auteur, les forêts ont reculé devant le besoin de bois qu'entraîne une civilisation avancée ; mais c'est moins la culture du sol que l'abandon de la culture qui a contribué à ce résultat. Là où la culture est en faveur, elle exige la conservation d'une partie des bois et les soins qui en favorisent la croissance ; tandis que là où la culture est abandonnée, non-seulement le sol cultivable se couvre de végétations sauvages, de ronces qui s'opposent à la venue des bois, mais les forêts existantes, dévastées par les besoins journaliers, s'épuisent.

En étudiant la flore méditerranéenne, on est étonné de constater qu'on ne peut établir aucun terme de comparaison entre sa végétation forestière et celle de la région forestière nord, parce que, bien que la végétation y commence plus tôt et y finisse plus tard, bien que la lumière y soit plus vive et l'hiver moins froid, la période estivale est presque nulle pour la croissance, la sécheresse résultant du passage desséchant des vents alizés du sud et de ce que les vents du nord ont presque partout laissé leur humidité au passage des montagnes, arrêtant la végétation pendant plusieurs mois. Les plantes s'y développent au printemps, deviennent stationnaires tant qu'elles sont privées d'humidité et se ravivent de nouveau sous l'action des pluies de l'automne.

L'Espagne, placée entre l'océan Atlantique et la Méditerranée, est le pays de l'Europe où la diversité climatérique est la plus grande. A côté du plateau intérieur aride et entouré de montagnes qui dessèchent les vents avant de les lui confier, dont le climat est rigoureux en hiver, se trouve la chaude dépression de l'Andalousie, qui jouit presque d'une température africaine. On trouve dans la Péninsule espagnole et le climat pluvieux de Coïmbre et le ciel constamment serein de Murcie et de Valence. Quelques districts littoraux répondent seuls en Espagne au terme spécialisé de zone méditerranéenne appliqué à la végétation, et encore n'y répondent-ils qu'avec une variété extrême qui fait qu'il est presque impossible d'établir une flore générale espagnole quelque peu uniforme.

La côte de la Catalogne, de même que la côte italienne jusqu'aux Maremmes de Toscane, participent au climat du sud de la vallée du Rhône, c'est-à-dire au vrai climat méditerranéen, qui commence à la limite nord de la culture de l'olivier, entre Montélimart et Orange. La différence entre la zone forestière nord et la zone méditerranéenne est tellement tranchée à cette limite, que dans le triangle entre Nice, Orange et Perpignan, on ne compte pas moins de six cents espèces végétales. En descendant en Italie, vers le sud, on ne retrouve plus la flore méditerranéenne proprement dite, avant d'avoir atteint, au sud des États de l'Église, l'ancien royaume de Naples. Elle n'y règne toutefois que sur une zone de peu de largeur, le centre et la plus grande partie de l'Italie étant traversés par les Apennins, dont les sommets sont couverts d'une végétation identique à celle de la zone forestière nord, tandis que sur leurs contre-forts règne la flore de l'Europe moyenne. Le pays romain et la Toscane, comme la Lombardie et la Vénétie, recevant des précipitations plus fréquentes que n'en comporte le climat méditerranéen proprement dit, tiennent dans l'échelle des flores une place intermédiaire qui se rapproche de celle de l'Europe moyenne. Ce n'est que grâce à l'abri des Alpes que sur certains points de la Lombardie, dans la région des lacs, on retrouve la flore méditerranéenne. Sur la côte italienne. le long de l'Adriatique, c'est la flore européenne qui domine, et, tout au contraire, sur le côté opposé de l'Adriatique, sur la côte autrichienne, à partir de l'embouchure de l'Isonzo, c'est la flore méditerranéenne qui se développe et pénètre même dans l'intérieur jusqu'aux derniers contre-forts des Alpes.

Dans la presqu'île des Balkans et de la Grèce, la même flore méditerranéenne règne à partir de Scutarie d'Albanie, le long de la côte de la mer Ionienne, pénétrant en Épire jusqu'aux montagnes du Pinde, entourant l'Arcadie, plateau central de la Morée, d'une large ceinture, puis, remontant à l'est par l'Attique jusqu'en Roumélie, où elle s'arrête sur le littoral de la mer Noire, à la hauteur des dernières ramifications des Balkans. L'intérieur de cette vaste péninsule, au contraire, se rattache : du nord de l'Épire au Danube, en Servie, à la flore européenne, et au nord des Balkans, de la Servie à la mer Noire, à la flore des steppes.

En Crimée la flore méditerranéenne n'occupe que la côte sud ; le reste de la péninsule appartient au climat des steppes.

Si de la Turquie d'Europe, dit M. Grisebach, que nous suivons toujours, nous passons en Asie, nous constatons que la presqu'île d'Anatolie jouit, comme l'Espagne, des climats les plus variés, mais que là encore une vaste ceinture occupée par la flore méditerranéenne circonscrit le pays, dont l'intérieur, composé de plateaux élevés, est soumis au climat des steppes. La flore de la Méditerranée ne règne cependant pas d'une manière absolue sur tous les points de la côte ; ainsi, au nord, dans la portion que baigne la mer Noire, à l'ouest du promontoire de Sinope, l'olivier cesse de croître, mais il reparait à l'orient de cette ville. A l'ouest de Sinope, la flore Pontique répond à celle de la côte de Thrace sur le Bosphore. La flore du Pont, à Trébizonde et dans le Lasistan, s'accorde au contraire avec celle de la Mingrélie jusqu'au pied du Caucase et s'étend en largeur jusqu'aux montagnes qui, du Caucase, rejoignent le massif arménien de l'Ararat, séparant les affluents de la mer Noire de ceux de la mer Caspienne.

En Syrie, dans le Delta égyptien, la Tunisie, l'Algérie et le Maroc, la flore méditerranéenne se développe dans toute sa richesse sans être cependant partout identique, les conditions hygrométriques auxquelles ces contrées sont soumises étant des plus variées. Ainsi, la Syrie, exposée aux vents brûlants de l'Arabie, demande une flore qui résiste mieux au manque d'humidité que celle de la Tunisie, de l'Algérie et du Maroc, auxquels les vents du nord-ouest venus de l'Atlantique apportent, de novembre à février, d'abondantes pluies qui favorisent une végétation analogue à celle de l'Andalousie.

Quant aux îles de la Méditerranée, elles participent généralement à la végétation des pays continentaux dont elles sont les plus voisines, avec cette réserve que leur flore intérieure dépend en grande partie de l'altitude de leurs parties centrales.

Ingrats Occidentaux que nous sommes, nous autres Européens de l'ouest, nous ne remercions pas assez le Créateur de nous avoir fait naître dans des contrées où les émanations de l'Océan tempèrent la rigueur des saisons, où l'humidité permet à tout ce qui doit germer d'émerger du sol, depuis le chêne majestueux jusqu'à l'humble cryptogame des rochers. Pour être reconnaissants nous ne regardons pas suffisamment autour de nous, nous ne nous figurons pas assez ce qu'est la vie pour l'homme dans ces contrées situées loin de la mer, où la saison chaude succède à la saison froide presque sans transition; où les pores de la peau sont encore distendus par d'excessives chaleurs, qu'un froid aigre vient brusquement les contracter; où tous les végétaux doivent mûrir en un été de trois mois pour faire place au désert qui durera neuf mois, l'un trop court, l'autre trop long pour permettre le développement d'une végétation arborescente qui eût offert son ombre protectrice contre le soleil trop ardent, tandis qu'elle eût fait obstacle, l'hiver, à la bise perçante du nord. Mais il est écrit que l'homme n'ayant jamais ses aspirations que vers le mieux, ne regarde pas le moins bien, qui serait cependant le point de départ le plus solidement établi pour servir de base à sa reconnaissance.

Arrêtons-nous, messieurs, la philosophie n'est pas de mise ici, et bornons-nous à dire, en d'autres termes, que vers le centre de notre continent, là où ne se font plus sentir les effets bienfaisants de la mer, le climat change complétement et que les fonctions de la végétation s'en ressentent dans des proportions dont les Occidentaux n'ont pas une idée exacte, mais qui fournissent à l'étude des données dont on peut tirer plus d'une conclusion utile à la sylviculture comme à l'agriculture de nos pays.

Si l'on considère, sur la carte, le vaste espace découpé tant en Europe qu'en Asie, qui se trouve compris entre les 30e et 105e degrés de longitude orientale de Paris, ainsi qu'entre les 55e et 45e degrés de latitude nord, on a sous les yeux la région dite des steppes. Cet immense quadrilatère n'est pas tout entier soumis aux influences climatériques qui spécifient la région des steppes ; quelques contrées, par suite de conditions particulières, y jouissent d'une végétation luxuriante ; mais elles sont rares, et l'on peut dire que les steppes de l'ancien continent, l'Afrique exceptée, y sont toutes renfermées. Ainsi ce quadrilatère circonscrit toutes les plaines de la Russie méridionale, de la mer Noire à la mer Caspienne et à l'Oural du sud, région réellement caractéristique des steppes, mais aussi le sud de la Crimée, où l'on retrouve le climat et la végétation méditerranéenne ; il contient l'Asie Mineure, l'Arabie et la Transcaucasie, où le même climat maritime exerce son influence sur certaines places, notamment sur les côtes et au pied d'une partie du Caucase, mais dont le centre et le sud sont bien réellement des steppes et des déserts.

A l'est de cette région s'étend la Perse, vaste steppe se développant presque jusqu'à la vallée de l'Indus, où l'on ne retrouve de véritable fertilité que sur une étroite bande de pays au bord de la mer Caspienne. Si du plateau de l'Iran on remonte vers le nord-est, on constate l'existence des steppes dans toute la Tartarie, jusqu'aux montagnes du Bolor et du Tian-Chan à l'est, jusqu'aux ramifications occidentales de l'Altaï au nord, sauf quelques parties arrosées par les grands fleuves qui descendent de ces montagnes ou que ces montagnes abritent contre les vents par trop desséchants, telles que l'ancienne Bactriane. Le pays à l'est des grandes chaînes de l'Asie centrale, autrefois compris dans les limites de l'empire chinois, mais aujourd'hui à peu près indépendant, représenté par une partie de la Dzoungarie et la Kachgarie, entouré presque complétement de hauteurs presque infranchissables, et qui peut être regardé, surtout en Kachgarie, comme la serre chaude de la vieille Asie, est remarquablement fertile ; mais au delà, vers l'est et le sud s'étendent la grande plaine de Gobi, la Mongolie et le Thibet, auxquels on ne peut refuser les noms de steppes ou de déserts. Dans l'Hindoustan, si fertile, le long de l'Indus et du Gange, on retrouve la steppe sur quelques points, notamment dans le désert du Sind, qui sépare les bassins de ces deux fleuves. Pourquoi tant de plaines arides, pourquoi tant de déserts dans cette vaste région ? Nous l'avons dit il n'y a qu'un moment : parce que, en termes généraux, les chaudes effluves aqueuses cessent d'y faire sentir leur influence bienfaisante et que, soit par le froid, soit par le chaud, un ciel constamment serein est le destructeur de toute végétation. Ces considérations générales varient évidemment suivant les conditions plastiques de chaque pays, mais elles y représentent l'influence dominante, au point de neutraliser toutes les autres conditions favorables au développement des plantes arborescentes.

La dernière grande division de la végétation sur l'ancien continent don il reste à parler ici est le domaine chino-japonais.

Les causes déterminantes de la végétation tiennent, comme on l'a déjà remarqué dans ce travail, à deux ordres de considérations : celles qui ont des causes générales, c'est-à-dire qui s'étendent à toute une région, et celles qui ne conduisent qu'à des résultats particuliers dont le terme, influences locales, est le déterminatif. Dans la région immense dont il est ici question, région qui s'étend du Thibet à l'Altaï, du tropique boréal au bassin du fleuve Amour, et qui comprend, en outre, toutes les îles japonaises, les causes générales ont, plus qu'en aucun lieu peut-être, une influence déterminante sur la végétation, et, parmi elles, les moussons qui se font sentir jusqu'au 40° et même au 45° degré de latitude nord, doivent être placées au premier rang. La mousson qui vient du nord-est a, en effet, pour conséquence de donner au Japon et surtout à la Chine un climat d'automne et d'hiver extrêmement sec, puisqu'elle n'apporte à ces contrées avec les vents froids du nord qu'un air absolument dépourvu d'humidité, n'ayant séjourné que sur des mers ou des pays glacés. La mousson sud-ouest, au contraire, qui souffle d'avril à octobre, pousse vers le nord un air chaud chargé d'eau par l'évaporation de la partie tropicale des mers de l'Inde, air qui, rencontrant au-dessus de la région dont il s'agit les vents froids du nord, s'y sépare de son humidité qui, condensée, tombe sur le sol sous forme de pluies abondantes et journalières.

Parmi les influences qui agissent sur la végétation d'une façon toute lo-
cale on peut citer, en Chine, celles qui sont dues, dans l'intérieur du continent, à la disposition comme à la hauteur des chaînes de montagnes ; et,
sur les côtes, aux courants maritimes froids qui descendent le long de
l'Asie, de la mer d'Okhotsk vers les mers de l'Inde. Ces courants maritimes
secondaires ont, pour le Japon, cette remarquable conséquence que, tandis que les côtes occidentales de ce pays sont froides comme celles de
la Chine pendant une grande partie de l'année, à même latitude, sur les
côtes orientales, surtout au sud-est, il règne une température extrêmement
douce, due au grand courant tropical nord du Pacifique, qui longe le Japon
avant de se diriger définitivement vers le nord, où il prend le nom de courant de Kamtschatka, et vers l'est, où il devient le courant de Tessan.

Ainsi, sur tout le domaine chino-japonais, en tous les lieux où des cir-
constances locales n'y font point obstacle, les mois d'octobre à avril sont
secs et froids dans la proportion de la latitude ou de la présence des courants maritimes venus du nord, et, d'avril à octobre, essentiellement pluvieux au printemps pour devenir secs, mais très-chauds en été. Aucune
combinaison météorologique ne peut être plus favorable à la végétation,
puisque son développement au printemps est favorisé par des pluies abondantes, tandis que l'été, lorsque les fibres des plantes ont à prendre une
consistance ligneuse, elles ont, pour les y aider, la chaleur et la sécheresse. Dans le domaine des moussons, la régularité de ces changements de
saison est, du reste, presque mathématique, et il faut des cataclysmes aussi
particuliers que rares pour en troubler l'harmonie.

D'après ce qui précède, on pourrait croire que la Chine est, comme le
Japon, comme la Mandchourie, un des pays les plus boisés du monde ; ce
serait une erreur. Sauf quelques points dans l'intérieur ou dans le voisinage
des côtes, la Chine proprement dite est un pays nu, et il faut pénétrer jusqu'aux dernières ramifications orientales ou méridionales de l'Himalaya ou
du Tian-Chan pour rencontrer de vastes forêts. La nature fut autrefois prodigue pour cette immense contrée, mais l'agriculture, pratiquée par une
population innombrable, en a depuis longtemps chassé la sylviculture ; pour
nourrir quatre cent millions d'hommes, il a fallu défricher, défricher toujours. Aussi la flore forestière n'y compte-t-elle plus guère d'autres représentants que les arbres fruitiers plantés en prodigieuse quantité et les
quelques massifs de verdure qui entourent les habitations et les pagodes.

Lorsqu'en considérant la végétation.et particulièrement la végétation forestière dans ses rapports avec les phénomènes physiques, on passe de
l'étude du vieux monde à celle du nouveau continent, le fait le plus saillant
est la dissemblance presque absolue des climats généraux, dissemblance
qui fait que sur la côte orientale de l'Amérique du Nord la flore est en retard
de dix et parfois même de vingt degrés de latitude sur celle de l'ancien
monde, dans son passage de la forme boréale à celle des tropiques. Deux
causes principales expliquent et déterminent cette dissemblance anormale
au premier abord : la direction des épines dorsales de ces deux continents
et celle des grands courants océaniques. Tandis que la zone tempérée du
vieux continent est, excepté le domaine chino-japonais qui forme un monde
à part, coupée par une série de hauteurs allant du rivage occidental de l'Espagne, à la mer d'Okhotsk dans une direction générale légèrement oblique
à la latitude, hauteurs qui déterminent une différence climatérique sensible
entre les contrées qu'elles séparent, l'épine dorsale du nouveau monde est
formée par la longue chaîne des montagnes Rocheuses qui, de l'Amérique
russe, gagne le Mexique dans une direction légèrement oblique à la longitude et détermine, elle aussi, des zones climatériques dissemblables, suivant
qu'elles sont du côté de l'orient ou du côté de l'occident. En outre, tandis
que le grand courant traversier de l'Atlantique du Nord, le Gulf-Stream,
vient réchauffer l'Europe occidentale et y permettre la culture de la vigne
sous la latitude de Québec, la côte orientale de l'Amérique du Nord est
longée par des courants polaires de retour qui, contournant l'île de Terre-
Neuve, font sentir, jusque dans la vallée du Mississipi, leur influence réfri-
gérante et donnent à New-York qui, par sa latitude, a droit à l'été de Rome,
l'hiver de Copenhague. Vers l'occident de l'Amérique, au contraire, les courants traversiers du Pacifique nord et en particulier le courant de Tessan,
dont l'influence bienfaisante se ferait sentir sur la moitié du continent si les
montagnes n'y mettaient obstacle, réchauffent, quoiqu'en proportion moindre
qu'en Europe sur une même latitude, les territoires côtiers, au point de
donner à la haute Californie un climat qui se rapproche de celui du bassin
de la Méditerranée.

Dans la partie de l'Amérique dont il est ici question il se produit un fait
déjà constaté dans l'ancien continent : c'est que, dans les parties centrales,
là où l'air humide de mer ne parvient que desséché par son parcours anté-
rieur sur un vaste territoire ou dans lesquelles il ne pénètre que fort peu,

arrêté qu'il est par de hautes montagnes, on rencontre une région privée de végétation forestière. Cette région, que les Américains nomment le Far-West, s'étend du pied des montagnes Rocheuses, on peut même dire de la chaîne côtière californienne, à la vallée du Mississipi et du 50° degré de latitude nord au tropique boréal. Les évaporations de l'océan Atlantique se purgent en effet d'une grande partie de leur humidité en traversant l'orient des États de l'Union américaine, et de l'autre côté la vapeur d'eau contenue dans l'air, condensée sur la face occidentale des grandes chaînes de montagnes, ne parvient presque pas jusqu'aux territoires qui s'étendent entre ces montagnes et le grand fleuve; de là un domaine analogue au domaine des steppes de l'ancien monde. Si, d'un côté, l'Amérique du Nord a sur l'ancien continent le désavantage d'une limite de végétation s'étendant beaucoup moins haut vers le nord, elle a sur lui cette supériorité de recevoir du golfe du Mexique une quantité notable d'humidité qui, jointe à celle qui lui vient à d'autres moments de l'Atlantique, la rendent réellement privilégiée sous le rapport de la végétation. Grâce à cette eau apportée par les vents du sud, mais à certains moments seulement, les steppes mêmes de l'Amérique du Nord n'ont pas cet aspect désolé de celles de la Perse ou du Turkestan : ce sont des prairies, de véritables prairies couvertes de graminées d'une grande hauteur en été, mais qui forment au printemps de merveilleux pâturages. La vie ne se retire pas de ces vastes espaces comme des déserts de l'Asie ; si la flore forestière est presque inconnue dans le Far-West, la faune y est aussi nombreuse que variée. En somme, bien que dans l'Amérique du Nord le domaine de la végétation soit moins étendu que dans l'ancien continent, il y est d'une continuité à peu près complète.

Il y a certainement dans le continent oriental, sauf peut-être deux ou trois essences, d'aussi beaux arbres que dans le continent occidental; mais ce qu'on n'y trouve pas, c'est cette continuité de profondes et plantureuses forêts qui s'étendaient, naguère encore, au nord-est du Far-West, de l'océan Pacifique à l'océan Atlantique, sur plus de cent degrés de longitude. Il ne faut cependant pas attribuer cette dénudation du vieux monde aux phénomènes géologiques ou climatériques ; l'homme y est pour beaucoup, et lorsque le nouveau monde aura vu passer autant et d'aussi nombreuses générations que l'ancien, il est bien probable que sa calvitie sera à peu près la même. Là où l'homme a passé le désert reste !

Des trois grands domaines de la végétation dans lesquels l'éminent professeur de Göttingue divise la zone tempérée de l'Amérique du Nord, le premier et le plus intéressant , celui qu'il regarde comme le domaine forestier américain proprement dit, a pour limite septentrionale une ligne partant du détroit de Behring, dans l'Amérique russe, passant au lac des Ours, d'où elle descend vers la baie d'Hudson, pour reprendre au delà de cette mer intérieure et gagner dans le Labrador la latitude la plus basse qu'elle atteigne dans l'hémisphère septentrional tout entier, c'est-à-dire cinquante-neuf dégrés. La limite méridionale, au contraire, de ce domaine commence sur l'océan Pacifique, à l'embouchure du fleuve Orégon, d'où elle remonte vers l'est dans le sud du lac Winnipeg, pour de là descendre par une ligne presque droite vers le golfe du Mexique, à quelque distance dans l'ouest du Mississipi.

Sur cette vaste surface, dont la nature prodigue avait fait une immense forêt, on ne comptait jadis d'autre vide que celui que produit, dans le sud de l'Amérique russe, la basse température à laquelle est soumise la presqu'île d'Alaska, température qui tient au passage le long de la côte du courant de retour du détroit de Behring. Elle était même boisée à ce point que la forêt existe à l'ouest de la baie d'Hudson, vers l'embouchure de la rivière Nelson, par 56° latitude nord, dans des terres désolées dont la surface n'est ameublie que pendant quelques semaines de l'été ou protégée par la neige le reste de l'année, tandis que l'eau qui pénètre dans le sous-sol y forme un banc de glace de plus de 5 mètres d'épaisseur. Il n'en est plus de même aujourd'hui dans tout le Canada et dans les États de l'est de l'Union américaine, les bois s'en vont. Il reste sans doute encore de belles forêts, mais chaque jour elles reculent devant l'agriculture, et même au loin, dans l'intérieur, la hache a dénudé jusqu'à de grandes distances les bords des lacs et des fleuves qui offraient aux produits des exploitations de faciles transports.

M. Grisebach partage le domaine forestier proprement dit de l'Amérique du Nord en quatre zones, dont les deux premières, de l'Orégon au Labrador, sont presque exclusivement peuplées de conifères. La troisième occupe le territoire des grands lacs canadiens à l'est des prairies et les États septentrionaux de l'Union américaine jusqu'à la baie de Chesapeak, en Virginie, et jusqu'à la frontière du Kentucky, d'un côté comme de l'autre des monts Alleghanys. Les États du sud de l'Union, compris dans le domaine forestier proprement dit, forment la quatrième zone. La troisième zone est celle des arbres à feuillage périodique en mélange dans le nord avec les conifères

et régnant à peu près seuls dans le sud ; la quatrième zone correspond,
bien que de loin, au climat méditerranéen : c'est le domaine des arbres à
feuillage toujours vert, où déjà, dans la Floride et dans la Louisiane, les
essences tropicales commencent à paraître. Ce sont les vapeurs aqueuses
produites d'un côté par les lacs canadiens, de l'autre et en bien plus grande
quantité, par le golfe du Mexique, qui répandent sur toute l'Amérique du
Nord, du Mississipi à l'Atlantique, l'humidité à laquelle cette vaste région
est redevable de sa fécondité.

La grande île de Terre-Neuve formerait une cinquième zone si elle pou-
vait sérieusement entrer dans une énumération de territoires forestiers.
Ce n'est pas que les bois y fassent absolument défaut, mais les brouillards
épais dans lesquels cette contrée est presque perpétuellement plongée ne
laissent pas parvenir à elle assez de rayons de soleil ; sa végétation est ché-
tive et ses arbres rabougris.

Le domaine des prairies américaines est particulièrement curieux à
étudier. Il se compose de plusieurs zones, dont la plus étendue est celle de
l'est des montagnes Rocheuses. Cette immense plaine qui, dans sa partie
moyenne, va d'autant plus en se rapprochant du niveau de la mer qu'elle
tend davantage vers la région forestière du Mississipi, commence à 1,600 mètres à peu près d'altitude au pied de la grande chaîne, ou mieux de la série
de chaînes et de pics qui domine le continent américain du nord, tandis
que dans sa partie sud, elle baisse peu à peu dans le sens du golfe du
Mexique. Ce sont, comme on l'a remarqué plus haut, les montagnes Rocheuses qui s'opposent au passage, au-dessus de cette plaine, des nuages
venus du Pacifique ; aussi ne reçoit-elle de vapeurs aqueuses que celles qui
lui viennent de l'Atlantique ou des lacs, en hiver et au printemps ; or, comme
ces vapeurs lui sont apportées par les vents glacés du nord et du nord-
est, au lieu de se résoudre en pluie, elles tombent sur le sol sous forme de
neige. Cette neige ne cesse guère de tomber avant la fin d'avril et ne fond
que sous l'action des premières chaleurs de mai, en donnant à la végétation
cette incroyable vigueur qui fait de ces territoires une vaste prairie. Mais
cette végétation cesse dès juillet, les vapeurs aqueuses du golfe du Mexique
courant vers le nord-est, vers les États atlantiques de l'Union américaine,
poussées qu'elles sont par les vents généraux du sud-ouest. A partir de
juillet, le seul mois où il ne gèle pas la nuit dans le domaine des prairies,
il ne tombe plus une goutte de pluie jusqu'au retour des neiges de l'au-

tomne. On pourrait penser que les grands fleuves, tels que le Rio-Grande del Morte, le Rio Colorado de l'est, les affluents du Mississipi ou les innombrables petits cours d'eau qui sortent des montagnes Rocheuses doivent entretenir, au moins sur leurs rives, une végétation assez puissante pour favoriser la croissance des essences forestières, mais il n'en est rien ; tous ces fleuves, toutes ces rivières, tous ces cours d'eau ne peuvent servir à l'irrigation, parce qu'ils coulent, pour la plupart, au fond d'érosions tellement profondes, dans des ravins ou canôns, qu'il serait impossible d'amener naturellement leurs eaux à la surface du sol ; les racines mêmes des arbres ne pourraient y chercher l'humidité.

Les quelques parties boisées qu'on rencontre dans le domaine des prairies n'existent qu'au sud et à l'est du Texas, là où les vents particuliers du golfe du Mexique amènent quelques pluies ; mais ces parties sont rares et il faut, pour rencontrer de véritables forêts, pénétrer dans quelques coupures des montagnes Rocheuses ou sur leur face occidentale.

Entre les montagnes Rocheuses à l'est et les montagnes des Cascades et Nevada à l'ouest, s'étend la seconde grande partie des steppes ou prairies américaines. Elle est formée par la grande vallée qui, du sud du territoire de l'Orégon, s'étend vers le Mexique et comprend le grand désert californien. C'est en quelque sorte un vaste couloir plus ou moins interrompu par des hauteurs secondaires que lavent, pour ainsi dire, en hiver les vents glacés du nord-ouest, et qui est couvert de neige la moitié de l'année. Pendant la saison chaude, la sécheresse y est presque absolue, car les vapeurs venues directement de l'ouest, de l'océan Pacifique, se condensant sur les pentes des Sierras côtières des Cascades et Nevada, y laissent la plus grande partie de leur humidité, puis vont perdre ce qui leur en reste sur les sommets des montagnes Rocheuses, n'en abandonnant rien dans la vallée intermédiaire, où l'on ne trouve quelque oasis que sur les points où la fertilité est provoquée par quelque circonstance particulière comme dans l'Utah.

Ce vaste couloir se continue au sud du Rio Colorado, de Californie, jusqu'aux provinces mexicaines de Sonora et de Sinaloa, où le sol s'élève sensiblement vers l'est jusqu'aux plateaux du Nouveau-Mexique, du Chihuahua et du Texas occidental, plateaux qui ne sont qu'une forme nouvelle qu'affectent les montagnes Rocheuses et qui marquent la transition entre ces dernières et la chaîne des Andes. Ces territoires représentent la zone méridionale de la végétation des prairies américaines. Les forêts, sauf quelques exceptions, sont exclues de ces hauts plateaux, mais on les retrouve sur les versants des montagnes, où elles constituent d'importants massifs. Ces contrées, du reste, reçoivent peu de vapeur d'eau : les vents qui leur arrivent du nord-nord-est, sont desséchés, tandis que les montagnes de la Sonora et de la vieille Californie font absolument obstacle aux vents d'ouest venus de l'océan Pacifique. Le froid est cependant moins dur dans les prairies méridionales que dans celles du nord, et la période de végétation n'y est plus la même ; elle est reportée de juillet à octobre, parce que, alors seulement, se produit sur leur limite septentrionale le mélange des deux alizés. C'est pour cette région le seul moment de l'année où des précipitations aqueuses viennent favoriser l'activité du sol.

La presqu'île qui forme la vieille Californie est toute entière comprise dans le domaine des prairies méridionales. Le sol, dénudé, n'y comporte aucune végétation forestière, et les seuls arbustes qu'on y rencontre, poussant dans les sables ou les anfractuosités des rochers, appartiennent à la même flore que ceux des hauts plateaux de la Sonora.

Ici se terminerait la nomenclature des limites des domaines de végétation de la zone tempérée nord, s'il ne restait à signaler une région relativement peu étendue, mais l'une des plus remarquables du globe au point de vue qui intéresse les forestiers. Nous voulons parler du domaine californien, c'est-à-dire de la bande de territoire qui s'étend entre le rivage de l'océan Pacifique et les Sierras des Cascades et Nevada. La Californie est, de tout l'hémisphère nord, le pays où l'uniformité de température pour toutes les saisons est la plus prononcée. Protégée l'hiver, par ses hautes montagnes, des vents froids du nord, elle jouit, en outre, de ce singulier privilège que les mêmes courants marins, l'un réfrigérant qui vient du détroit de Béhring, l'autre réchauffant le courant de Tessan qui arrive de l'équateur, mélangent eurs eaux sur ses côtes et l'inondent de vapeurs aqueuses, à une température moyenne telle qu'elles la réchauffent en hiver et la rafraîchissent en été. Sous l'action de ces précipitations abondantes et douces, dans une contrée située sous des latitudes comprises entre celle du midi de la France et celle du Maroc, on peut tout attendre des forces de la nature ; aussi n'est-on pas étonné de rencontrer en Californie et particulièrement sur certaines pentes occidentales de la Sierra Nevada les plus remarquables représentants du règne végétal qui soient dans le monde.

La troisième partie de la question dont nous avons, messieurs, l'honneur de vous exposer ici les bases, a trait à la répartition des principales essences forestières sur la surface du globe. Cela seul, nous l'avons déjà remarqué, est une question immense, même en nous bornant, comme nous l'avons fait jusqu'ici, à la zone tempérée du nord. Nous aurions pu comprendre cette troisième question dans la seconde et donner quelques notions sur la répartition des essences, après avoir exposé les limites géographiques de chaque domaine ou de chaque zone secondaire de végétation par rapport aux conditions climatériques qui s'y font sentir; mais nous avons pensé que cette courte notice gagnerait en clarté à ce que la question de la distribution des essences y fût traitée à part. Nous vous prions donc encore d'excuser les quelques redites géographiques dont nous ne pouvons faire abstraction, et qui, du reste, eussent été nécessaires, de quelque manière que nous eussions compris la question:

Tout en admettant comme parfaitement judicieuse la nomenclature donnée par M. Grisebach, des zones secondaires de chacun des domaines forestiers de la zone tempérée du nord, nomenclature que nous entendons respecter dans ses résultats, nous vous demandons, messieurs, de suivre ici un ordre nouveau, c'est-à-dire de partir, autant que possible, des limites nord de la végétation, pour descendre peu à peu vers le sud, procédant en quelque sorte par cercles imaginaires parallèles, ou à peu près, aux grands cercles de latitude.

Dans ce nouvel ordre d'idées, la grande famille qui se présente la première dans les domaines forestiers nord de l'ancien et du nouveau continent, est celle des conifères, et si nous commençons cette revue par la presqu'île scandinave et la Laponie, le premier des conifères que nous rencontrions, celui qui dans ces régions brave les froids les plus intenses, est le *pin sylvestre*. Sous le rude climat de la Laponie, cet arbre, dont la hauteur dans le centre de l'Europe dépasse quelquefois trente-trois mètres sur un diamètre de plus d'un mètre vingt-cinq centimètres à la base, perd évidemment de ses proportions au nord de la Scandinavie, mais moins dans le sens de sa hauteur que dans celui de sa grosseur. Il en est de même, du reste, de tous les arbres dans des contrées où la période de la végétation n'a pas une durée de trois mois. En Suède, en Russie, le pin sylvestre recouvre d'immenses espaces. Dans le nord de ce dernier pays, où il s'étend également jusqu'aux limites de la végétation des frontières de la Suède à la Dwina du nord, il est parmi les conifères l'essence principale et la plus recherchée soit pour le commerce extérieur, soit pour les besoins de la population. A partir de la Dwina du nord, sa limite septentrionale descend vers le sud pour gagner l'Oural central. En Sibérie, le pin sylvestre ne s'étend pas jusqu'au cercle polaire; cela semble tenir au sol rocheux ou congelé à l'intérieur, que son pivot ne peut pénétrer.

Le pin sylvestre est, du reste, une des essences qu'on rencontre le plus souvent dans tout le domaine forestier du nord de l'ancien continent des Pyrénées au Kamtschatka, et, seul ou mélangé à d'autres essences, il forme dans toute l'Europe centrale et occidentale des forêts aussi précieuses qu'étendues. On le rencontre même sur certaines montagnes du domaine méditerranéen. C'est à la variété des climats qu'il supporte et par suite des différents pays dans lesquels il végète, qu'on peut attribuer la grande variété des formes qu'il affecte et la quantité des noms différents qui lui sont attribués. Le *Pinus sylvestris* se transforme, en effet, suivant les localités et un peu suivant ses variétés, en pin d'Écosse, de Riga, de Briançon, etc. Le pin à crochets, l'une de ses variétés, qu'on trouve dans presque toutes les montagnes de l'Europe moyenne, vit à de très-grandes hauteurs ; on le rencontre encore dans les Pyrénées à la limite des neiges.

L'épicéa, *Abies picea*, est dans le même cas que le pin sylvestre, moins parce qu'il présente un grand nombre de variétés que parce qu'il existe dans une très-grande partie du domaine forestier nord de l'ancien continent. Certains auteurs le désignent sous les noms d'*Abies excelsa*, de *Picea excelsa*, de *Pinus abies*, de sapin blanc dans le nord et enfin de pesse en Russie. A propos de cette dernière appellation, qu'il nous soit permis de remarquer ici que le mot pesse est le vieux mot français qui le désigne, et dont se servent encore nos montagnards du Jura. Cet arbre, au port imposant, supporte, comme le pin sylvestre, les plus grands froids du nord et parfois même lui dispute la gloire de former la limite de la végétation. Il existe dans toute l'Europe, sauf aux îles Britanniques, dont il redoute le climat humide; mais grâce à ses racines traçantes qui n'exigent pas un sol profond, il est plus que le pin sylvestre un arbre des montagnes; aussi couvre-t-il de grands espaces dans les monts scandinaves, où le sol, parfois peu friable, ne permet pas à d'autres espèces de prospérer. Un fait remarquable, c'est que ce même épicéa, qui pousse sur les sols élevés, secs et pierreux, se plaît en Russie où il forme des forêts entières, soit seul, soit en mélange avec d'autres essences et particulièrement le pin sylvestre, dans les dépressions humides. Le bois de l'épicéa, connu dans le commerce du nord sous le nom de sapin est moins estimé que celui du sylvestre, désigné sur les mêmes marchés par le titre de sapin rouge. Le *Pinus obovata* de Sibérie ne serait, suivant M. Grisebach, qu'une variété de l'épicéa commun. Les épicéas, qui poussent parfaitement en plaine, deviennent particulièrement beaux dans les Alpes, où l'on en trouve de 50 mètres de hauteur. Ils forment dans les Pyrénées orientales, à 1,949 mètres d'altitude, la limite de la végétation. Dans les Alpes du Dauphiné, on les rencontre jusqu'à une hauteur de 1,884 mètres. Dans le Jura, ils occupent une zone placée entre 698 et 1,104 mètres d'altitude. On constate leur présence dans les Vosges, le Hartz, les monts Sudetes, le Bœhmerwald et le Tatra (Carpathes occidentaux); il en est de même dans l'Oural et les monts Stanovoï, en Sibérie.

Le mélèze *Larix,* que M. de Kirwan appelle le roi des montagnes, est parmi les conifères du domaine forestier de l'ancien continent, celui qui s'avance le plus haut dans le nord et aussi celui qui, avec le pin à crochets, végète dans les lieux les plus élevés. Les stations qui lui conviennent le mieux, au dire de M. Parade, sont celles où l'atmosphère est sèche et froide ; il redoute les climats brumeux et les vents d'une humidité tiède ; aussi ne le rencontre-t-on à l'état de forêts que dans les contrées montagneuses de l'Europe occidentale, et en Russie, qu'à l'est et au nord d'une ligne joignant le sud de la mer Blanche à l'Oural central, c'est-à-dire là où la distance de l'océan Atlantique lui assure le bénéfice d'un climat continental. Il n'existe que dans des conditions particulières en Scandinavie et dans la Finlande. A l'est des monts Ourals, on retrouve le mélèze *Larix Dahurica* ou *Sibirica,* à forme frutescente, dans presque toutes les parties de la Sibérie où le développement de la végétation est possible, c'est-à-dire dans le sud de cette immense région et sur le bord des grandes rivières tributaires de l'Océan glacial. Il végète dans tout l'Orient du vieux monde, jusqu'au sud du bassin du fleuve Amour et dans l'île Sakhalin. En remontant vers le nord on le remarque encore, mais, là aussi, rabougri et clair-semé, le long des rivages de la mer d'Okhotsk, l'une des contrées les plus froides du globe. Quoique le mélèze atteigne à des proportions pour le moins égales à celles du pin sylvestre, il est-non-seulement l'arbre des grandes altitudes, mais celui des neiges et des tempêtes.

Bien que l'*Abies Pichta* ou *Sibirica* se rencontre sur quelques points le long des fleuves sibériens, on peut dire que la zone forestière extrême du nord de l'ancien continent est peuplée, en grande majorité, par les trois célèbres conifères : le pin sylvestre, l'épicéa et le mélèze ; un arbre feuillu leur dispute cependant ce sol glacé: c'est le bouleau, qui végète à côté des conifères les plus rustiques, et parfois même les dépasse vers le nord. Cette essence est représentée dans le nord de l'ancien continent par deux espèces : le *Betula alba* et le *Betula glutinosa*. Elles s'accommodent des sols les plus médiocres ; mais, naturellement, plus le terrain où elles végètent est pauvre ou froid, moins grandes sont leurs dimensions; aussi arrivent-elles vers l'extrême limite de la végétation à l'état buissonneux. Le bouleau existe dans tout le domaine forestier nord, mais c'est surtout dans les parties septentrionales de la Scandinavie, de la Finlande, de la Russie et de la Sibérie jusqu'au Kamtschatka, qu'on lui voit couvrir les plus grands espaces. Dans ce dernier pays, c'est une variété différente, le *Betula Ermani*, qui domine. Le bouleau est certainement l'arbre le plus répandu dans la zone tempérée du nord, et tout en se plaisant davantage en plaine, il ne redoute pas les grandes altitudes, car on constate sa présence en Écosse à 812 mètres de hauteur, dans les Carpathes à 1,550, dans l'Oural à 1,250, dans l'Altaï à 1750. C'est une des essences les plus utiles à l'homme.

Outre le bouleau, on rencontre encore, mélangé à d'autres arbres, dans un grand nombre de forêts du nord, jusqu'au 70e degré de latitude, le saule blanc, puis l'aune vert. Ces deux essences sont, comme le bouleau, très-répandues dans tout le domaine forestier nord, mais leurs variétés changent avec la latitude ; le saule blanc et l'aune vert sont ceux qui pénètrent le plus loin dans la direction du pôle.

La zone nord, extrême de la végétation dans le nouveau continent, est aussi plus particulièrement le domaine des conifères, mais elle a cela de très-remarquable que parmi cette famille c'est une seule espèce, le sapin blanc, *Pinus alba, Abies alba, Abies canadensis,* qui domine ; elle s'avance plus loin dans le nord que le mélèze américain, *Pinus microcarpa,* qui ne dépasse guère le cercle polaire sur le Mackenzie. « Dans tout le nord du domaine forestier de l'Amérique, dit M. Grisebach, le sapin blanc est en possession presque exclusive du sol ; les forêts qu'il compose s'étendent sans interruption dans l'intérieur du continent à travers 14 degrés de latitude, du détroit de Behring au Labrador. Au milieu de cette lugubre uniformité, il n'y a d'autre variété que celle qu'offrent les taillis riverains, où, à côté du sapin à baume, *Pinus balsamea,* on voit aussi des essences à feuilles caduques, telles que les saules, aunes et peupliers. Bien qu'un représentant de l'essence qui fait le tour du monde, le bouleau, *Betula papyracea,* se rencontre ici, s'avançant vers le nord aussi loin que le sapin blanc, cet arbre ne constitue pas comme dans le nord de l'ancien continent, des forêts entières, il n'est qu'un élément subordonné des forêts à essences résineuses. »

Sur le globe entier, en descendant du nord vers le sud, ce sont les bois feuillus à feuilles caduques qui succèdent aux conifères. Ce n'est pas à dire qu'à une certaine limite les conifères cessent entièrement d'exister ; cela signifie simplement qu'avec une chaleur croissante le nombre des essences feuillues va aussi croissant, tandis que les conifères couvrent de moins en moins de terrain. C'est en plaine surtout et à la base des montagnes que les essences feuillues prospèrent dans toute la partie du domaine forestier nord, où elles peuvent exister, tandis que les conifères s'y retrouvent dans les territoires les moins fertiles ainsi qu'à toutes les grandes altitudes.

Dans toutes les autres parties de la zone tempérée nord on retrouve encore des conifères, parfois les mêmes que dans le nord extrême, mais le plus souvent ils sont d'essences différentes appropriées à des climats nouveaux.

Le chêne, dont les espèces sont si nombreuses, paraît être, parmi les essences feuillues, celle qui détermine le mieux, et par une ligne sensiblement parallèle à la latitude, la cessation de la zone des conifères. Il faudrait un livre, et un gros livre, pour tracer une monographie du chêne, nous nous bornerons donc à dire ici que cet arbre s'avance vers le nord en Norvége jusqu'au 63° degré de latitude, en Suède jusqu'au Dalelf. En Russie, où il forme d'immenses massifs, tantôt seul, tantôt mêlé à d'autres arbres, on le rencontre jusqu'à une limite partant de la mer Baltique, dans le gouvernement de Livonie, vers le 58° degré de latitude nord, traversant le gouvernement de Novogorod, passant par celui de Tver, tournant celui de Moscou pour se diriger, à travers les gouvernements de Jaroslaw, de Kostroma, de Viatka et d'Oufa, vers la frontière asiatique, qu'elle atteint au 53° degré de latitude nord. Les plus grands massifs de chêne de la Russie se trouvent dans les gouvernements de Kazan, de Simbirsk, de Nijni-Novogorod, vers l'orient ; dans ceux de Minsk, de Mohilew et de Volhynie vers l'occident, ainsi que dans les provinces Baltiques. Le chêne qui, malgré les nouvelles essences employées dans l'industrie, est toujours le plus précieux des arbres de la zone tempérée nord, forme aussi de grandes forêts en Pologne, s'étend sur toute l'Allemagne, une grande partie de l'Autriche, particulièrement dans le sud, et en Hongrie sur toute la zone cintrée du sud des Carpathes, sur la France et la Belgique entières, sur les îles Britanniques et en bien des localités en Espagne, en Portugal, en Italie et en Grèce. La Turquie, surtout de la Thessalie au Danube, est un des domaines où il se développe avec une vigueur particulière.

Le chêne, dont on constate la présence dans quelques parties de l'Asie Mineure, où l'humidité est assez abondante pour suffire à sa croissance, cesse de végéter dans la région des steppes. Dans le nord de l'Asie, il n'existe plus à l'est des monts Ourals, et pour le rencontrer de nouveau, il faut pénétrer jusqu'au bassin du fleuve Amour où, sous le nom de *Quercus Mongolica*, il forme d'imposants massifs.

Des deux principales espèces de chêne que nous connaissions en Europe, le chêne pédonculé et le chêne rouvre, la seconde ne s'étend pas, sur toute sa limite septentrionale, aussi haut vers le nord que la première. Bien qu'en Europe elle parte également du nord de l'Écosse pour aboutir à peu près au même point de la frontière asiatique, elle s'infléchit en son centre. Dans le sud de son aire, le chêne rouvre a à peu près la même limite que le chêne pédonculé, avec cette seule différence qu'ayant moins besoin d'humidité il pousse certaines pointes dans des terrains méridionaux où le chêne pédonculé ne pourrait végéter.

Deux autres espèces de chêne sont intéressantes à noter : le *chêne yeuse* ou *chêne vert,* arbre caractéristique de la partie méridionale de la zone tempérée nord de l'ancien continent, et le *chêne liége* (*Quercus suber*), qui, confiné jadis dans le midi de la France, l'Algérie et une petite portion de l'Espagne, s'étend aujourd'hui sur presque tout l'occident du domaine de la flore méditerranéenne. Pour ne pas allonger indéfiniment ce travail, nous ne parlerons ici ni du *chêne tauzin,* ni du *chêne serris,* ni du *chêne vélani* essences cependant précieuses à bien des titres.

En Amérique, le chêne existe et forme de magnifiques forêts dans tout le sud du Canada et dans tous les États du nord de l'Union, entre l'Atlantique et la région des prairies.

La limite septentrionale du hêtre, qui ne coïncide en rien avec celle du chêne, puisqu'elle suit une ligne oblique à la latitude, a déjà été décrite au début de ce travail, il n'y a donc pas à y revenir ici, si ce n'est pour indiquer que cet arbre, fidèle au climat maritime, ne se retrouve plus dans l'ancien continent et qu'il faut tourner les yeux vers l'Amérique pour le contempler de nouveau. Il végète dans ce dernier pays sous le même climat que le chêne.

Bien que le *châtaignier* appartienne plus particulièrement au domaine méditerranéen, c'est un arbre tellement utile que les efforts des forestiers, depuis qu'il existe des forestiers, ont toujours tendu vers l'accroissement dans le nord de sa limite de végétation. Leurs efforts ont été couronnés de succès, mais, on doit le dire, bien que cela paraisse une superfétation, dans la mesure où la nature le permet, c'est-à-dire là où les gelées printanières ne s'y opposent pas. Il existe aujourd'hui dans le sud de l'Angleterre, l'ouest, le centre et le midi de la France, pénètre en Allemagne jusqu'au Hartz, au midi de la Saxe, devient assez fréquent en Hongrie, mais se développe dans toute sa vigueur dans la péninsule Ibérique, en Italie, en Grèce, en Turquie, en Asie Mineure, dans les Barbaresques et dans les États de l'Union américaine.

L'*orme*, si précieux, ce vieux compagnon de nos voyages d'autrefois, qui nous suivait sur tant de grandes routes, n'existe presque plus aujourd'hui en France. Sa lente croissance, qui l'avait fait dédaigner en forêt, engageait à le cultiver isolément, mais ses racines traçantes et nuisibles à la culture l'ont fait bannir de ses derniers asiles. Il est un peu partout dans toute l'étendue du domaine forestier nord, mais, sauf peut-être sur quelques points de l'Allemagne, on peut affirmer qu'il n'est beaucoup nulle part. Ce qu'on dit de l'orme on peut presque le répéter du *frêne*. Cet arbre, précieux aussi, ne se rencontre plus guère en grands massifs. Il existe dans tout le domaine forestier nord, soit dans l'ancien continent, soit dans le nouveau monde, mais presque toujours mêlé avec d'autres arbres. Ce n'est que dans le Fjelde norwégien, par 64 et 62 degrés de latitude nord qu'on en trouve des taillis d'une certaine étendue.

L'*érable* et en particulier l'*érable sycomore* se trouve disséminé dans toutes les forêts de l'Europe, mais, lui non plus, on ne le rencontre pour ainsi dire jamais en massifs. En prenant la moyenne des affirmations exprimées à son sujet par les différents auteurs que nous avons consultés, on peut dire que sa limite septentrionale reste à peu de distance au sud de celle du chêne. L'érable sycomore est un arbre de première grandeur, supérieur comme taille aux autres espèces de la même essence, l'*érable à feuilles d'obier*, l'*érable plane*, l'*érable champêtre*; il porte aussi le nom d'*érable de montagne*, car on le rencontre dans presque tout le massif orographique européen, à de grandes altitudes, notamment dans les Alpes, où il atteint 1,500 mètres. En Asie, on constate la présence de variétés de l'érable, dans la Daourie et le bassin du fleuve Amour; mais c'est le nouveau continent que cet arbre semble affectionner particulièrement. On l'y rencontre dans tout le domaine forestier du Canada à la Floride et même à l'Arizona. Il compte dans cette région de nombreuses espèces, les unes semblables à celles qui existent en Europe, les autres particulières au sol américain; ce sont: l'*érable du Canada*, à écorce jaspée; l'*érable negundo*, à feuilles de frêne; l'*érable de Pensylvanie*, l'*érable* à feuilles argentées *de Floride* l'*érable rouge*, et enfin l'*érable à sucre*.

Le *charme*, qui est avec l'orme notre meilleur bois de chauffage, essence dure, rarement droite, que nous traitons, à cause de cela, beaucoup plus en taillis qu'en futaie, existe dans une grande partie de l'Europe, parfois en massifs homogènes, mais surtout en mélange avec d'autres essences. Son aire d'habitation peut être circonscrite par une ligne partant de Toulouse, traversant la France du sud au nord, passant en Angleterre un peu à l'ouest de l'embouchure de la Tamise, puis de là tournant à l'est vers le Danemark, qu'elle quitte au-dessus de Copenhague, traversant le sud de la Suède pour gagner Riga. Des environs de cette ville elle tourne brusquement au sud le long de la Dwina du sud et du Dniéper; de ce fleuve, en se dirigeant vers l'ouest, on constate que cet arbre existe jusqu'à son point de départ dans tout le sud de l'Europe. Il croît aussi en Amérique et notamment en Virginie.

Nous avons en Europe deux espèces de platanes, le *platane d'Orient*, originaire de l'Asie Mineure et de la Turquie, qui, par la Dalmatie et l'Italie, s'est étendu peu à peu vers l'ouest, et le *platane d'Occident*, qui nous vient d'Amérique, mais dont la croissance est chez nous moins vive. Le platane, arbre de première grandeur, est essentiellement une essence de plaine. Il ne se plaît que dans les lieux humides. Les bords des rivières lui sont particulièrement favorables aussi bien en Europe qu'en Amérique.

Parler d'une essence qui ne végète vigoureusement que dans les terrains humides conduit à s'occuper d'une autre qui réclame les mêmes conditions d'existence; il s'agit du *peuplier*, que sa multiplicité, les nombreux usages auxquels il est employé, les espèces multiples sous lesquelles on peut l'envisager, font un devoir de ne pas négliger dans cette énumération. Parmi ses différentes formes nous citerons : le *peuplier blanc*, dit *blanc de Hollande*, grand et bel arbre de végétation rapide, qui croît naturellement en Algérie, dans l'Europe méridionale et dans l'Europe moyenne, mais que là culture seule a propagé dans le nord jusqu'au 61ᵉ degré de latitude; il ne forme pas de forêts; — le *peuplier-tremble (Populus tremula)*, qui, lui, se plaît au milieu des autres arbres et qu'on rencontre fréquemment dans les massifs composés d'autres essences; le peuplier-tremble étend son aire d'habitation du 35ᵉ degré latitude nord aux confins septentrionaux de la Laponie, ce qui démontre qu'il résiste aux froids les plus intenses; il va sans dire que plus il pénètre vers le nord ou plus il monte en altitude, car peu difficile sur le terrain il croît en montagne comme en plaine, plus il se rabougrit; — le *peuplier noir, peuplier pyramidal, peuplier d'Italie*. Celui-ci ne vient pas comme le peuplier-tremble dans les lieux élevés. Il affecte toutes les habitudes du peuplier blanc, auquel il dispute les lieux humides et dont il emprunte l'aire de végétation. Venu primitivement d'Orient en Italie, il ne paraît avoir été introduit en France qu'en 1749.

Les peupliers, sous quelque forme qu'ils se présentent, blanc, noir, tremble ou autres, se rencontrent dans presque toute la zone tempérée nord du globe, aussi bien dans les monts Altaï et au Kamtschatka que sur les plateaux élévés du Thibet, aussi bien au Canada, en Caroline, en Virginie, qu'au Nouveau-Mexique et dans l'Arizona. Les espèces américaines mêmes, introduites en Europe, ont donné de merveilleux résultats, et les peupliers de Virginie ou de la Caroline y sont presque aussi connus aujourd'hui que les blancs de Hollande.

Le *tilleul*, sous les deux formes qu'il affecte, existe partout dans les domaines du chêne et du hêtre; mais dans l'ancien continent il préfère le nord et le nord-ouest. C'est un des seuls arbres feuillus de l'Europe qui franchisse les monts Ourals et qu'on retrouve, mais à l'état d'arbuste et peut-être par suite d'importations récentes, sur certains points de la Sibérie méridionale. Sur le littoral norvégien la limite du tilleul à petites feuilles ne coïncide pas tout à fait avec celle du chêne, elle reste un peu en arrière de cette dernière; mais, en Russie, sur la Dwina, également par 62 degrés latitude nord, c'est le contraire qui a lieu. On trouve des représentants du

genre tilleul dans la Daourie et le bassin du fleuve Amour. Le tilleul à petites feuilles est plus particulièrement une espèce forestière, tandis que le
tilleul à grandes feuilles est l'arbre des promenades et des avenues. L'Amérique compte aussi deux espèces principales de tilleuls, celle dite *tilleul
américain* ou *tilleul noir*, et le *tilleul de la Caroline*, qui s'étend jusque
dans la Louisiane.

Le *cerisier*, que nous sommes surtout habitués à considérer comme un
arbre fruitier, est aussi, sous le nom de *merisier*, un arbre des forêts. Bien
que dans la zone tempérée nord il se trouve un peu partout où le sol est
suffisamment humide, il ne forme jamais de massifs homogènes, il est disséminé parmi les bois composés d'autres essences. Il paraît être originaire
de l'occident de l'Asie centrale. L'*alisier* et le *sorbier*, non plus, ne sont pas
des arbres complétement forestiers ; ils ont cependant des représentants
disséminés de l'Atlantique au Kamtschatka. D'aspect bien différent pour le
vulgaire, il paraît qu'ils sont pour le naturaliste deux espèces d'un même
genre connu sous la rubrique *Sorbus*. Sous les noms d'*alisier blanc* et
de *sorbier des oiseleurs*, ils affrontent les climats les plus septentrionaux
ainsi que les altitudes les plus grandes, mais ils y passent à l'état buissonneux, ne jouissant de tout leur développement que dans les climats tempérés. On parle d'une espèce de sorbier, le *Sorbus intermedia*, d'autres
disent le *Sorbus aucuparia*, qui pénètre dans le sud de la Scandinavie et se
trouve aussi sur les côtes allemandes et finlandaises de la Baltique. Le
sorbier-cormier pénètre jusqu'en Laponie. Il existe en Amérique un sorbier
qu'on dit originaire du Canada.

Bien que le *noyer*, cet arbre qui pousse isolé parce qu'il a besoin de lumière
et d'air, soit surtout un arbre à fruits, un forestier ne peut l'oublier dans
une nomenclature sérieuse, car son bois le dispute, pour un grand nombre
d'usages, à ceux de nos plus belles essences. Originaire de l'Inde ou tout
au moins de la Perse, il est aujourd'hui parfaitement acclimaté dans l'Europe
centrale jusqu'à la limite où sévissent les gelées printanières. L'Amérique a
aussi ses noyers: l'un blanc, le *noyer pacanier*, assez abondant dans l'ouest
des États de l'Union, dont le fruit est seul comestible, et le *noyer noir*,
qui est plus particulièrement forestier.

Le *houx* (*Ilex*), généralement buissonneux dans nos climats européens
de l'ouest, où il est toujours considéré comme un sous-bois, mérite d'avoir
sa petite place ici, car en plein air, en pleine lumière, il est parfois un arbre

réellement forestier. Nous en avons vu, dans le département des Deux-Sèvres, de 8 à 10 mètres de hauteur, au tronc parfaitement droit et cylindrique. Dans tout le domaine méditerranéen, où il existe un peu partout, il n'est pas rare qu'il atteigne ces dimensions. Au mont Athos, on rencontre le houx jusqu'à l'altitude de 974 mètres. Cette essence est commune au Canada, sous forme frutescente, et, comme en Europe, elle devient un arbre véritable en descendant au sud vers le Maryland et la Caroline.

En parlant, au commencement de la troisième partie de ce travail, des conifères de la région septentrionale, le bouleau nous a fourni une transition naturelle pour passer à l'étude de la répartition des essences feuillues et nous a conduit, trop vite peut-être, à laisser de côté ceux des conifères de la zone tempérée du nord qui se rapprochent moins que ceux que nous avons énumérés des climats polaires; il en est cependant parmi eux qui ont une importance capitale et qu'il est interdit de négliger dans une énumération de ce genre. Ainsi le *sapin commun* (*Abies vulgaris, Abies pectinata, Pinus picea*), *sapin argenté, sapin des Vosges, de Normandie, sapin blanc,* est une des essences dont l'aire est la plus étendue, du moins en Europe. On le trouve en Espagne, dans presque toute la France, dans tout le massif des Alpes, dans les Pyrénées, dans les Cévennes, dans le Jura, dans les Vosges, au delà du Rhin, dans le Schwarzwald et dans presque toute l'Allemagne centrale, sauf le Hartz, en Pologne, en Transylvanie, où il est relativement rare. M. Grisebach semble regarder le sapin de Sibérie, l'*Abies pichta,* qui forme d'épaisses forêts dans l'Altaï, comme une variété du sapin d'Europe. Cet arbre occupe, surtout dans l'immense région sibérienne, les alluvions des bords des fleuves. Le sapin parvient dans les Pyrénées à une altitude de 1,950 mètres, dans le Dauphiné entre 1,625 et 2,050 mètres, dans les Alpes bavaroises à 1,494 mètres. Il existe encore dans les Apennins, le Pinde et les ramifications méridionales des Balkans et de la haute Macédoine.

Une autre essence que la culture rend de plus en plus commune en France, est celle qui porte le nom de *pin maritime, Pinus pinaster.* Cet arbre paraît se plaire surtout dans l'ouest et le centre de notre pays. C'est essentiellement l'arbre des dunes, qu'il fixe dans des conditions doublement avantageuses, puisqu'il les arrête dans leur développement, et donne un revenu très-sérieux à des sols autrefois absolument incultes. Le pin maritime proprement dit existe par places isolées non-seulement en Corse, en Italie et en

Algérie, mais dans presque tout le domaine de la flore méditerranéenne, jusqu'à la longitude orientale de la Dalmatie. Sous le nom de *pin pinaster*, au contraire, il contribue au peuplement des forêts de la péninsule des Balkans et de l'Anatolie.

Le *pin laricio*, originaire des pays riverains de la Méditerranée, est une essence précieuse à bien des titres que la culture s'est efforcée, avec succès, de faire pénétrer dans l'Europe centrale. Cette essence comprend des variétés nombreuses, dont les plus connues sont le *Pinus corsica* (laricio de Corse) et le *Pinus nigra vel Austriaca* (laricio de Hongrie). Le laricio, surtout en Corse, pousse suivant une ligne absolument droite. C'est un des plus beaux arbres de l'ancien continent. « Il occupe, dit M. Mathieu dans son beau traité de la flore forestière, une aire beaucoup plus allongée de l'est à l'ouest que du sud au nord. Dans la première de ces directions, il s'étend d'Espagne, sous le 6ᵉ degré de longitude occidentale, jusqu'au Taurus, en Asie Mineure, sous le 30ᵉ degré de longitude orientale ; dans la seconde, il va de la Sicile jusqu'au Danube, aux environs de Vienne, du 37ᵉ au 48ᵉ degré de latitude. Il n'y a pas de continuité dans cette aire, le laricio s'y trouve au contraire disséminé en îlots souvent très-distants les uns des autres. Dans les montagnes les plus septentrionales de son habitat, le laricio végète entre 400 et 1,000 mètres d'altitude ; en Corse, entre 500 et 700 ; en Calabre et sur l'Etna, entre 1,390 et 1,950.

Le *pin cembro* (*Pinus cembro*) est un arbre des hautes montagnes, peu répandu, du reste, dans l'occident de l'Europe, où il ne se trouve guère que mêlé à d'autres essences. MM. Lorentz et Parade, dans leur Cours de sylviculture, citent un seul exemple, dans le voisinage de Briançon, d'un massif pur de pin cembro ayant une étendue de 200 hectares. En France, il n'existe guère que dans les Alpes du Dauphiné et de la Provence, à 2,000 et 2,500 mètres d'altitude. On le rencontre en Suisse, dans l'Engadine et dans les Alpes Pennines, dans le Tyrol, les Alpes bavaroises et les Carpathes, à des hauteurs variant entre 1,550 et 2,700 mètres. On l'a signalé en Macédoine. En Russie, il existe de vastes forêts de ce conifère, que M. Wilson, dans sa statistique de l'agriculture et de la sylviculture russes, appelle le cèdre de Sibérie. Ces forêts sont plus particulièrement situées dans le gouvernement d'Arkhangel, dans la partie est du gouvernement de Vologda et dans les districts nord des gouvernements de Perm et de Viatka. On constate sa présence en Sibérie sur un grand nombre de points, notamment dans les monts

Altaï, à 1,950 mètres d'altitude, ainsi que dans les montagnes qui entourent le bassin du fleuve Amour. Il existe enfin dans l'île Sakhalin.

Le *pin du lord Weimouth* (*Pinus strobus*) et le *pin de Virginie* sont les deux plus majestueux conifères de l'Amérique orientale du nord ; le premier, qui peuple les forêts du nord et du centre des États de l'Union, atteint parfois une hauteur de 60 mètres. Il résiste à des froids très-intenses. Importé sur un grand nombre de points de l'Europe, il n'y est pas encore parvenu aux mêmes dimensions que dans sa patrie, mais il y paraît appelé à un bel avenir ; son bois cependant est loin d'avoir les mêmes qualités.

Nous ne pouvons oublier un autre conifère, remarquable par le nombre de ses espèces, qui, frutescent dans le Nord, devient un véritable arbre forestier dans le bassin de la Méditerranée ; il s'agit du genévrier qui, dans certaines îles de l'Archipel, atteint 9 mètres de hauteur. Sous le nom de *Juniperus thurifera* il constitue, en Espagne, les forêts de Valencia, celles des plateaux de l'est et pénètre en Aragon et en Murcie. On le trouve aussi en Sardaigne, dans l'Atlas, en Grèce, au Caucase et sur le Taurus cilicien ; c'est sous le nom de *Juniperus œgœa* qu'on le rencontre dans l'Archipel, et sous celui de *Juniperus excelsa* qu'il habite la Crimée, le Caucase, le Taurus et l'île de Chypre. Au delà, vers l'Orient, il cesse d'exister pour ne plus reparaître que dans l'Himalaya. En Amérique, il constitue de belles forêts dans le bassin de la rivière Columbia et l'Orégon.

Le *sapin pinsapo* qui, par la forme de ses feuilles, diffère tant des autres conifères, et appelé aussi sapin d'Espagne, est en France un arbre d'importation. Dans la péninsule ibérique, en Andalousie et dans le royaume de Grenade, il est chez lui. On le rencontre en Algérie, dans la Kabylie orientale, à 1,600, 2,000 mètres de hauteur.

Le *pin pignon* (pin pinier, pin parasol, pin d'Italie) est, par excellence, l'arbre cher aux paysagistes, dont il embellit les études. On constate sa présence dans presque tout le domaine de la flore méditerranéenne, notamment dans l'île de Crète ; sur certains points même, comme dans le midi de la France, une culture intelligente lui a fait dépasser quelque peu ces limites.

Le *pin d'Alep* (*Pinus Halepensis*), appelé aussi pin de Jérusalem, vit, comme le pin pignon, dans tout le domaine de la flore de la Méditerranée et particulièrement en Algérie, en Syrie et dans tout l'ouest de l'Asie Mineure.

Parmi les arbres remarquables entre tous, qui peuplent l'ancien continent, nous devons citer ceux qui font partie du genre cèdre, dont les principaux sont : le *cèdre du Liban* (*Cedrus Libani*), le *cèdre de l'Atlas* (*Cedrus atlantica*) et le *cèdre de l'Inde* ou *Deodora*.

Le majestueux cèdre du Liban est essentiellement un arbre de montagne il y végète entre 1,400 et 1,800 mètres d'altitude. Découvert dans les montagnes syriennes, dont il porte le nom et dans lesquelles il ne compte plus aujourd'hui qu'un bien petit nombre de représentants, il a été retrouvé depuis, en vastes massifs, dans les chaînes du Taurus et de l'Amanus, aux vilayets de Konieh et d'Adana, ainsi qu'en Algérie.

Le cèdre de l'Atlas qui ne le cède guère au cèdre du Liban malgré sa forme plus grêle, a ses plus beaux massifs en Algérie, au sud de Blidah, dans la chaîne de Teniet-el-Had, dans l'Aurès, aux environs de Batna, dans le Djurjura et la Kabylie.

Le cèdre Deodora, plus gracieux encore que le cèdre de l'Atlas et rappelant quelque peu le saule pleureur, est, à cause des qualités de son bois, un des arbres les plus précieux qui existent. Originaire des contrées de l'Himalaya, où il forme de vastes forêts, cet arbre, qui n'est dans nos régions qu'à l'état d'importation nouvelle, devait exister jadis sur un grand nombre de points de l'Asie occidentale et particulièrement en Syrie ; mais étant, dans cette région, le plus recherché des conifères, il y fut le plus vite détruit.

Le *grand pin du Népaul, Pinus excelsa Nepalensis,* est le dernier des conifères dont nous ayons à parler à propos des arbres de la partie de l'ancien continent qui nous occupe en ce moment. Il forme dans le Boutan d'immenses forêts et végète en bien des places dans les grandes chaînes de l'Himalaya. M. Grisebach croit le retrouver en Macédoine et sur le Kom, près des frontières du Monténégro.

Avant de gagner l'extrême Orient, citons encore quelques essences précieuses :

Le *micocoulier*, arbre de moyenne grandeur, dont le bois, analogue à celui du frêne, est très-estimé dans le midi de la France, en bas Languedoc, en Roussillon, en Provence, contrées dans lesquelles il semble confiné ; le *caroubier* qui, lui, au contraire, est rare dans la portion de la France qui fait partie du domaine de la flore méditerranéenne, bien qu'il se rencontre un peu partout dans ce domaine. C'est surtout en Espagne, en Algérie, en Italie et en Syrie, qu'il faut le contempler dans tout son développement. — Le *buis* (*Buxus*) n'est qu'un petit buisson dans le nord de la zone tempérée, mais il prend des proportions véritablement forestières en descendant vers le sud. Il existe, à peu d'exceptions près, dans tous les pays du bassin de la Méditerranée.

Nous voudrions nous étendre encore et parler d'une série d'arbres moitié forestiers par les qualités de leur bois, moitié fruitiers, et cultivés comme tels en quantités innombrables dans presque toute l'étendue du bassin de le Méditerranée, mais le temps et l'espace nous manquent; nous ne pouvons que les citer; or, les citer, c'est dire quelle est leur importance, car ils sont connus de tous. Nous voulons parler de l'*olivier* (*Olea*), arbre essentiellement caractéristique de la flore des climats méditerranéens; de l'*oranger Citrus*, aux variétés si nombreuses; du *grenadier*, du *myrte*, du *figuier*, du *mûrier*, cet emprunt, relativement récent, fait par l'Europe au domaine chino-japonais, dont nous allons citer immédiatement et le plus brièvement possible les principales essences.

Il est moins long, du reste, de parler des essences spéciales au domaine chino-japonais, que de celles qu'on rencontre en Occident, car on n'a pas à les suivre dans un grand développement en longitude, et dire qu'un arbre appartient au domaine chino-japonais, c'est indiquer à peu près l'aire qu'il occupe, surtout lorsqu'on se rend compte que la Chine proprement dite étant, dans ses parties centrales et orientales, à peu près dépourvue de forêts, c'est dans les parcs, c'est-à-dire, à l'état de culture, qu'il faut chercher ces essences. Dans la nomenclature qui va suivre, il est donc bien entendu que pour les arbres appartenant à la Chine, il ne s'agit que rarement de massifs profonds, comme ceux que nous rencontrons dans d'autres régions. Le Japon seul, dans le domaine chino-japonais, renferme de grandes forêts. En outre, il est bien entendu aussi que les forêts qui peuplent le sud-ouest et l'ouest de la Chine, de même que les provinces centrales du Japon ne nous sont connues que très-imparfaitement par les récits de quelques voyageurs, et que des faits peuvent s'y produire qui détruisent en grande partie les allégations basées sur les renseignements obtenus dans les provinces côtières.

Parmi les essences de l'extrême Orient nous citerons, d'après M. de Kirwan, le *tsuga du Japon* et le *sapin bifide*, qui tient le milieu entre le *sapin de Chiloé* ou *Pindrow* et le *sapin de Webb*. — Les sapins de Chiloé et de Webb sont des arbres de l'Himalaya, qu'on rencontre dans ces grandes chaînes de montagnes entre l'altitude de 2,400 mètres et celle de 3,300 mètres. — L'*épicea Morinda* ou *picea Khutrow*, *sapin pleureur de l'Hi-*

malaya, est un des plus beaux arbres de l'Asie orientale. Il existe sur plusieurs points des montagnes de l'Asie centrale. En Chine, il est connu sous le nom *Jo-bi-sjo,* et au Japon sous celui de *Torano-womomi,* sapin en queue de tigre. Le *mélèze du Népaul* est aussi un arbre de première grandeur, bien qu'il n'atteigne pas aux dimensions de l'épicea Morinda. Il croît dans l'Himalaya oriental jusqu'à 3,000 et 4,000 mètres d'altitude.

Le *mélèze du Japon (Larix Japonica)* se rencontre à Niphon, par 35 et 40 degrés de latitude nord; on le trouve même à Yezo et à Krafto, dit M. de Kirwan d'après Andrew Murray, par 48 degrés nord. Cet arbre a, au Japon même, une variété connue sous le nom de *Larix Japonica leptolepis.*

La Chine a aussi son mélèze, *larix Chinensis* ou de Kœmpfer. Cet arbre de première grandeur, trouvé primitivement au Japon, mais en petit nombre, est plus répandu dans les provinces du nord-est et du centre de la Chine.

On ne peut manquer de citer ici le pin chinois ou japonais de *Bunge (Pinus Bungeana);* c'est un des arbres les plus remarquables par sa longévité, sa hauteur et l'élégance de son port. Il paraît originaire du Thibet. Il ne redoute pas les plus grands froids; il supporte à Pékin des températures de moins de 15 à moins de 20 degrés. Il est cultivé dans tout le nord de la Chine et notamment dans l'île Chusan.

Dans le nord du Japon, les îles Kourilles méridionales, on trouve le *pin parviflora,* qui se rapproche sensiblement du pin cembro d'Europe.

Dans le genre Araucaria, on doit citer ici, comme indigène dans le Céleste Empire, suivant M. de Kirwan, le *Cunninghamia Sinensis,* qu'on rencontre également aux îles Liu-Kiu et dans le Japon, soit en forêt, soit dans les jardins.

En Chine comme au Japon il est bien difficile de fixer les limites exactes par lesquelles l'aire d'une essence est circonscrite, la culture étant tellement avancée, les soins donnés aux végétaux si complets, qu'en maints endroits ces limites ont été dépassées. Aucun peuple n'a poussé aussi loin que les Chinois et les Japonais le grand art de l'acclimatation. C'est ainsi qu'on rencontre un peu partout au Japon le *Skiadopitys verticillé,* pin-parasol du Japon, qui primitivement ne croissait que dans l'ouest de ce pays, dans les îles Niphon et Sikok.

Nous citerons encore parmi les conifères le *Cryptomeria* du Japon, arbre de grande hauteur se plaisant dans les terrains humides, mais crai-

gnant les froids du nord. On le trouve surtout dans le Japon, aux environs
de Mangasaki et en Chine dans ceux de Chang-Haï.

Le genre cyprès compte, dans le domaine chino-japonais, qu'il habite
presque partout, pour ainsi dire autant d'espèces qu'il existe dans cette région de climats variés. Nous nous contenterons de citer ici le *cyprès
Retinispore obtus*, originaire des montagnes de l'île Niphon, où il constitue
de vastes forêts. Les Japonais le nomment *Hinoki* (arbre du soleil). Le cyprès
existe en somme dans l'extrême Orient, du Népaul, où il est représenté par
une très-belle espèce, aux frontières de la Mandchourie, où il perd absolument ses grandes proportions. Citons aussi, mais dans le genre des Taxa-
cées, un arbre célèbre même en Europe depuis que nos rapports avec l'extrême Orient sont devenus si fréquents, le *Gink-Go*, arbre de première
grandeur et de longévité extrême, dont la Chine est fière à juste titre.

On peut voir, d'après cette liste, et nous en passons beaucoup, à quel
point la flore chino-japonaise est riche en conifères ; mais ces arbres ne
sont pas les seuls qui offrent un intérêt réel dans la flore de l'extrême Orient.
Nous ne pouvons, par exemple, parler de cette région et oublier le bambou
(*Bamboa*). Je crois qu'il n'est pas dans le monde entier un végétal plus utile
à l'homme. Le cherche-t-on sur la montagne? on l'y rencontre encore à près
de 3,700 mètres ; descend-on dans la plaine? ou l'y trouve partout, du tropique du Cancer au 49e degré nord, il existe dans l'île Sakhalin et sur le continent asiatique jusqu'au golfe de Pé-tché-li, c'est-à-dire sur toute la zone sur
laquelle s'entendent les moussons. Au Japon comme en Chine, le bambou, qui
grandit parfois en une nuit de 6 à 9 centimètres, est partout où le sol est
assez humide pour lui permettre de croître. Tantôt c'est un frêle roseau
comme les joncs qui nous servent à palisser les arbres fruitiers, tantôt
c'est un bouquet de tiges de 25 mètres de hauteur; énoncer ce fait, c'est
dire que dans le monde chino-japonais les espèces de bambou varient à
l'infini. D'après M. Renard, il existe même des bambous à tige carrée.

Parmi les arbres feuillus à feuilles caduques, on ne peut parler du domaine chino-japonais sans citer les *mûriers blancs* qui, surtout en Chine,
se trouvent partout à l'état d'arbres cultivés, dans les jardins, le long des
routes, dans les champs où, disposés en quinconces, ils sont si nombreux
qu'ils forment souvent de petites forêts.

Un des sujets les plus remarquables de la flore dans le sud de la Chine et
dans les îles méridionales du Japon est le *camphrier*, dont le bois, outre la

matière précieuse qu'il sécrète, est un des plus beaux et des plus estimés pour la charpente. Les *orangers*, les *citronniers*, sont également assez communs dans le sud du Japon. Parlons encore, comme peuplant le sud des contrées qui nous occupent, de certains bois intéressants à énumérer, mais dont nous connaissons mal l'aire de production, tels que l'arbre à suif (*Croton sebiferum*), le *Chi-chu*, sorte de sumac dont les Chinois tirent par incision une gomme dont ils font leurs magnifiques vernis ; l'*Aquilaria* enfin, qui a la hauteur et la forme d'un olivier et renferme sous son écorce trois sortes de bois : le premier, noir, compacte et pesant, est connu sous le nom de *bois d'aigle*; le second, qu'on nomme *calambouc*, est léger comme du bois pourri ; le troisième, placé au cœur, s'appelle bois de *calamba*, employé comme médicament; il est aussi cher dans l'Inde que l'or même.

Les palmiers ont au Japon peu de représentants ; on cite cependant dans le sud de l'île Niphon le *Chamœrops excelsa*. En Chine, ils semblent manquer presque complétement.

Avant de quitter le domaine de la végétation des moussons on doit rappeler qu'un grand nombre des formes arborescentes du bassin de la Méditerranée se rencontrent dans l'extrême Orient et particulièrement au Japon ; ainsi le chêne vert existe dans ce dernier pays et remonte jusqu'à l'île Yezo, mais il n'atteint pas la latitude de l'île Sakhalin. On sait que le hêtre, le châtaignier, le tilleul, le frêne et surtout l'érable sont représentés au Japon, mais les connaissances acquises sur les forêts de ce pays ne permettent pas encore de déterminer l'aire exactement occupée par ces essences. Le jujubier, qui existe dans tout le domaine de la flore méditerranéenne, est aussi un arbre commun en Chine et au Japon.

En commençant la troisième partie de ce travail, nous avons poursuivi jusqu'en Amérique l'étude des essences dont nous constations la présence dans le domaine forestier de l'ancien continent ; malgré cela, il nous resterait encore beaucoup à dire sur les forêts du Canada et sur celles de l'Union américaine, si nous ne remarquions que l'attrait de ce travail nous entraîne au delà des bornes indiquées et que les pages succèdent aux pages dans une proportion désespérante ; nous nous bornerons donc à dire quelques mots de la flore californienne, si remarquable pas les proportions gigantesques de ses végétaux arborescents.

Les espèces de conifères à feuilles circulaires ou bien à feuilles de cyprès sont presque aussi nombreuses en Californie qu'au Japon et, là aussi, dire qu'un arbre fait partie de la zone californienne, c'est indiquer l'aire qu'il occupe. Parmi les conifères qui forment les magnifiques forêts de ces régions, nous nous contenterons donc de citer les arbres connus seulement en Europe depuis un quart de siècle, mais qui y sont déjà appréciés à maints égards, tels l'*Abies Douglasii,* l'*Abies Menziesoii* et l'*Abies Mertensiana,* puis le cèdre de l'Orégon ou cyprès jaune (*Thuia gigantea*). Enfin, pour terminer cette longue énumération, nous indiquerons le genre *Sequoia,* si riche en Californie et particulièrement dans la Sierra Nevada, où il compte ses plus nobles et ses plus fantastiques représentants dans le *Sequoia gigantea* ou *Wellingtonia,* et dans le *Sequoia sempervirens,* l'un des rares conifères connus comme repoussant de souche et pouvant donner lieu à la formation de taillis. Ce genre *Sequoia,* que nous ne retrouvons plus aujourd'hui ailleurs que dans le domaine californien, couvrait aux vieux âges géologiques des dépôts crétacés une grande partie de l'Europe, de l'Amérique et même du Groënland, jusqu'au 74e degré de latitude nord, et du Spitzberg, jusqu'au 78e. Respect donc, messieurs, à ces arbres, qui sont les plus vieilles pages de l'histoire de la végétation !

J'aurais voulu, messieurs, pouvoir développer d'avantage le travail que je viens d'avoir l'honneur de vous lire; à être plus étendu, il eût perdu peut-être cette monotonie inhérente à tout abrégé, et dans maintes places j'eusse pu accompagner mes assertions de preuves dont l'intérêt n'est pas contestable, mais je ne puis abuser d'avantage de vos moments. Tout travail cependant, messieurs, demande une conclusion. Si ce travail est un tableau peint, c'est au spectateur à tirer cette conclusion; si c'est un écrit, c'est à l'auteur à la présenter lui-même au lecteur; or, comme ici nous sommes en présence d'un tableau écrit, je crois que nous avons les uns et les autres, auditeurs ou auteur, le droit de participer à la mise au jour de cette conclusion. Je vous demande donc de considérer avec moi :

1° Que les aires des essences sont absolument subordonnées aux conditions climatériques combinées avec les éléments fournis par le sol, mais que ces conditions de milieu varient avec les phénomènes cosmiques ou les cataclysmes terrestres et que, par conséquent, les aires des essences des périodes géologiques antérieures n'ont rien de commun avec celles qu'occupent ces mêmes essences si elles existent encore aujourd'hui;

2° Que toutes les grandes civilisations qui ont paru sur le globe terrestre ont abusé de leurs richesses forestières, et que partout où ces richesses ont disparu, ces civilisations sont mortes ; que, par conséquent, la nécessité d'un bon aménagement forestier est une des premières qui s'impose à tout peuple qui veut vivre.

Je ne puis terminer, messieurs, sans rendre hommage ici soit aux auteurs anciens dans les ouvrages desquels j'ai puisé la plupart des détails dont j'ai eu l'honneur de vous entretenir, soit aux forestiers contemporains dont les écrits forment aujourd'hui les fondements de notre art. Je veux parler, outre M. Grisebach, tant de fois cité, de MM. Nanquette, Parade, Mathieu, Carrière, Tassy, Bouquet de la Grye, de Kirwan, et de tous les auteurs qui, dans les différentes revues et particulièrement celle des eaux et forêts, nous ont mis au courant de leurs précieuses observations. Je ne veux pas non plus finir, messieurs, sans vous remercier de l'attention que vous avez bien voulu me prêter, et sans me féliciter une fois de plus, avec mes collègues français, de voir les forestiers éminents des pays étrangers prendre part à ces agapes scientifiques, à l'ombre de l'olivier que nous avons cultivé tout exprès pour cela et qui, nous l'espérons, deviendra séculaire !

Nancy, imprimerie Berger-Levrault et Cie.

NANCY, IMPRIMERIE BERGER-LEVRAULT ET Cⁱᵉ.